KB057846

멘사퍼즐 추론게임

• 《멘사퍼즐 추론게임》은 멘사코리아의 감수를 받아 출간한 영국멘사 공인 퍼즐 책입니다.

MENSA : BRAIN TEASERS by Graham Jones

멘사코리아 감수

그레이엄 존스 지음

보누스

멘사 퍼즐을 풀기 전에

퍼즐을 비롯한 양자론, 영어 철자법, 정치인 등은 영원히 풀리지 않을 수수께끼로 남을 겁니다. 퍼즐은 고대 수메르인들의 수수께끼부터 셜록 홈스의 사건들, 또 스핑크스의 수수께끼부터 칠교놀이까지 긴 시간 동안 인류에게 극복해야 할 도전 같은 것이었지요. 호기심을 불러일으키고, 해결했다는 만족감을 주는 동시에 계속해서 다양한 해결책을 만날 수 있는 놀라운 활동이기도 합니다. 퍼즐을 풀어봤다면 알겠지만 퍼즐의 답을 찾은 순간 누구든지 '전구에 불이 켜지는 순간'을 겪을 겁니다.

여러분이 퍼즐을 풀며 전구에 불이 켜지는 순간을 되도록 자주 만났으면 합니다. 이러한 두뇌 자극은 우리의 지적 능력을 계발해주고 퍼즐을 또 풀고 싶게 만드는 매력 포인트가 되기 때문이지요. 퍼즐은 새로운 유형의 문제를 계속 만나고 해결하며 다음에 어떤 새로운 것을 만나도 해결할 수 있는 능력을 키우는 훈련이 됩니다. 이러한 훈련을 반복하면 여러분 안에 잠든 천재성도 깨울 겁니다.

퍼즐을 푸는 방법에는 다양한 방법이 있으며 나만의 방법도 만들 수 있습니다. 이 책에 담긴 200개의 퍼즐을 푸는 동안 불 논리를 활용해보면 어떨까요? 불 논리는 컴퓨터와 전자공학에서 참과 거짓을 나타내는 숫자 1과 0만을 사용하는 방식을 말합니다. 수학자 조지 불George Boole

이 창안한 논리 체계로, 명제를 참 또는 거짓으로 나누는 방식이지요. 퍼즐에 적용하면 퍼즐에 숨은 근거들을 추측이 아닌 논리적으로 판단해 조건을 잘게 쪼개나가는 방식이라고 생각하면 편합니다. 어떤 난해한 문제더라도 조건을 최대한 작게 나눠 1과 0으로 나눈다면 결국엔 문제를 해결할 수 있을 겁니다.

퍼즐이 지닌 최고의 매력은 즐거움입니다. 필자는 초등학교 시절, 산수 문제 하나를 풀려고 몇 시간을 씨름했습니다. 농담과 수수께끼를 좋아했으며 13살 크리스마스 때 받은 셜록 홈스 전집에 빠졌지요. 수학은 결코 지루하고 힘든 과목이 아니었으며 수학 문제를 해결하는 데 들인 시간은 오히려 쓸데없는 걱정들로부터 벗어나게 했습니다. 이러한 경험 덕분에 퍼즐을 만드는 일까지 하게 되었지요. 여러분도 퍼즐을 푸는 동안 해결 방법을 고민하는 재미와 정답을 찾았을 때의 기쁨을 느꼈으면 좋겠습니다.

추론퍼즐에 걸맞은 추리, 말장난, 단어, 시각 문제를 준비했습니다. 3D 그림을 적용해 언어와 시각, 수학, 논리적 사고를 키우는 데 도움이 될 것입니다. 멘사라는 단어에 기가 죽거나 잔뜩 겁을 먹을 필요 없습니다. 멘사 퍼즐은 지식을 얼마나 갖췄는지 확인하는 시험이 아니라 두뇌를 자극하는 재미난 훈련이기 때문이지요. 이 책 한 권을 모두 해결한 순간 다른 멘사 책은 없는지 찾아볼지도 모릅니다. 이 책을 푸는 동안 모든 걱정을 털어버리고 온전히 퍼즐의 즐거움에 빠지기를 바랍니다.

그레이엄 존스

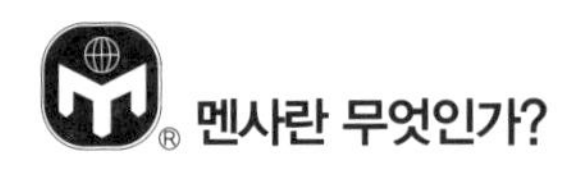

멘사란 무엇인가?

멘사란 '탁자'를 뜻하는 라틴어로, 지능지수 상위 2% 이내(IQ 148 이상)의 사람만 가입할 수 있는 천재들의 모임이다. 1946년 영국에서 창설되어 현재 100여 개국 이상에 14만여 명의 회원이 있다. 멘사코리아는 1998년에 문을 열었다. 멘사의 목적은 다음과 같다.

- 첫째, 인류의 이익을 위해 인간의 지능을 탐구하고 배양한다.
- 둘째, 지능의 본질과 특징, 활용처 연구에 힘쓴다.
- 셋째, 회원들에게 지적·사회적으로 자극이 될 만한 환경을 마련한다.

IQ 점수가 전체 인구의 상위 2%에 해당하는 사람은 누구든 멘사 회원이 될 수 있다. 우리가 찾고 있는 '50명 가운데 한 명'이 혹시 당신은 아닌지?

멘사 회원이 되면 다음과 같은 혜택을 누릴 수 있다.

- 국내외의 네트워크 활동과 친목 활동
- 예술에서 동물학에 이르는 각종 취미 모임
- 매달 발행되는 회원용 잡지와 해당 지역의 소식지
- 게임 경시대회, 친목 도모 등을 위한 지역 모임
- 주말마다 열리는 국내외 모임과 회의
- 지적 자극에 도움이 되는 각종 강의와 세미나
- 여행객을 위한 세계적인 네트워크인 'SIGHT' 이용 가능

멘사에 대한 좀 더 자세한 정보는 멘사코리아의 홈페이지를 참고하기 바란다.

- 홈페이지 : www.mensakorea.org

차 례

일러두기

- 각 문제 하단의 쪽번호 옆에 해결, 미해결을 표시할 수 있는 칸을 마련해두었습니다. 해결한 퍼즐의 개수가 늘어날수록 지적 쾌감도 커질 테니 잊지 말고 체크하시기 바랍니다.
- 이 책의 해답란에 실린 해법 외에도 답을 구하는 다양한 방법이 있을 수 있음을 밝혀둡니다.

MENSA PUZZLE

멘사퍼즐 추론게임

문제

블록에 적힌 숫자는 바로 아래에 있는 두 블록에 적힌 숫자를 더한 값이다. 빈 블록에 들어갈 숫자는 무엇일까?

 답:212쪽

002

원에 적힌 숫자들 중 하나는 나머지 원에 적힌 숫자 두 개를 더한 값이다. 이 문제로 숫자를 얼마나 빠르게 분석할 수 있는지 시험할 수 있다. 그 숫자는 무엇일까?

답: 212쪽

아래 칸의 각 행과 열에 초록색, 파란색, 빨간색 원이 한 번씩 들어가야 한다. 행과 열의 끝에 숫자와 색깔 힌트가 있다. 힌트는 어떤 색깔의 원이 몇 번째에 들어가는지 나타낸다. 이때 각 행과 열에 빈 원이 두 개씩 들어가야 하며 빈칸이므로 순서를 따질 때 고려하지 않는다. 예를 들어 초록색 1은 해당 행 또는 열에 그려진 색깔 원 중에서 초록색 원이 빈칸을 제외하고 첫 번째로 나온다는 뜻이다. 규칙에 맞게 칸을 채워보자. 각 칸을 어떻게 색칠해야 할까?

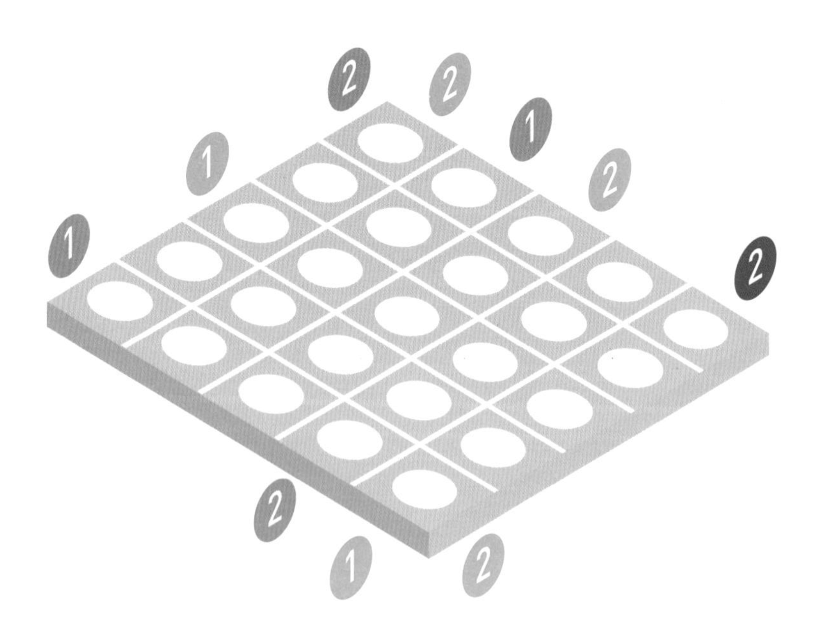

 답: 212쪽

004

아래 표에 숫자와 버튼이 있다. 오른쪽에 있는 초록색과 빨간색 버튼의 개수는 왼쪽 숫자가 정답 숫자 중 몇 개를 포함하고 있는지 나타낸다. 그중 초록색 버튼의 개수는 정답 숫자 중 몇 개가 올바른 위치에 있는지 보여준다. 예를 들어 4327은 정답 숫자 두 개를 포함하고 있으며 그중 숫자 두 개만 올바른 위치에 있다는 뜻이다. 정답 숫자는 무엇일까?

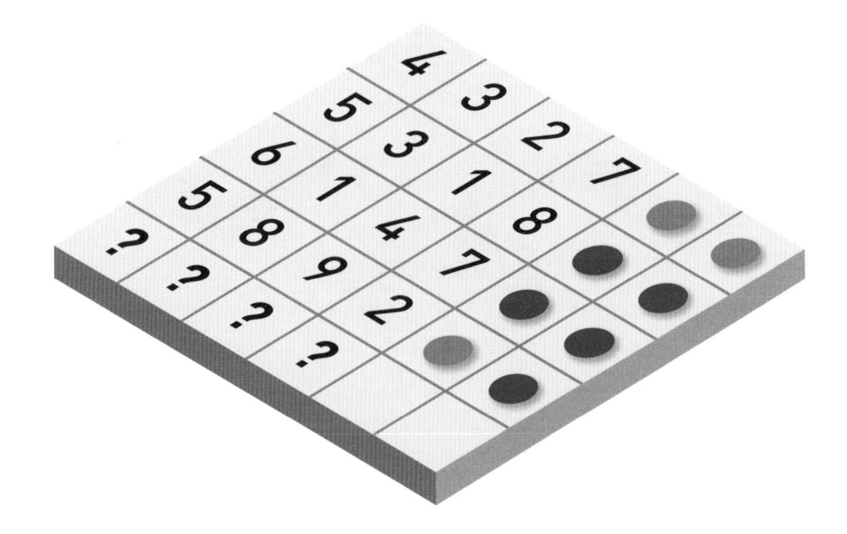

네 가지 동물 중 한 가지 동물만 나머지 동물과 연관되어 있다. 한 가지 동물은 어느 것일까?

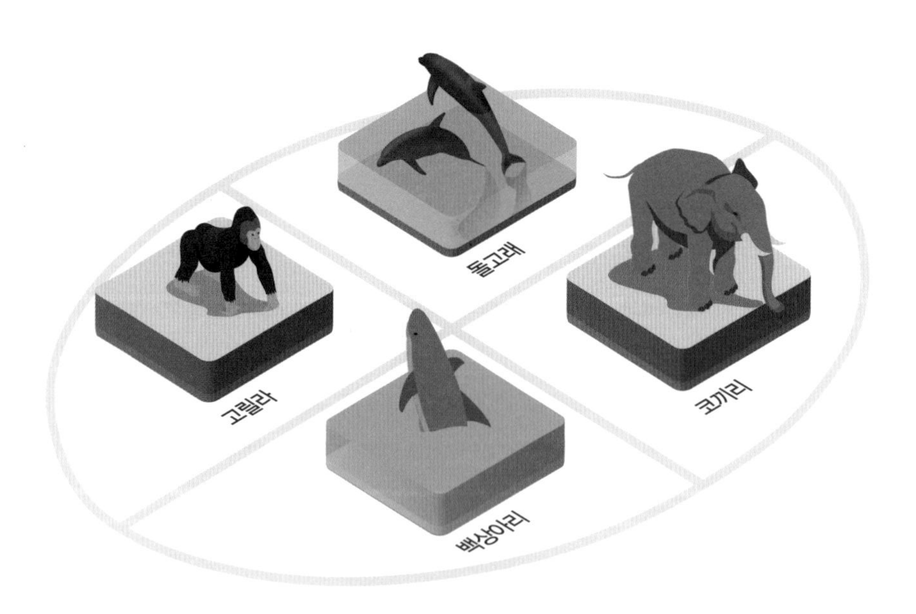

 답: 212쪽

006

아래 빈칸에 1부터 9까지 숫자 아홉 개를 채우는 문제다. 사칙연산은 기존 규칙과 상관없이 왼쪽에서 오른쪽, 위에서 아래로 계산한다. 숫자를 어떻게 채워야 할까?

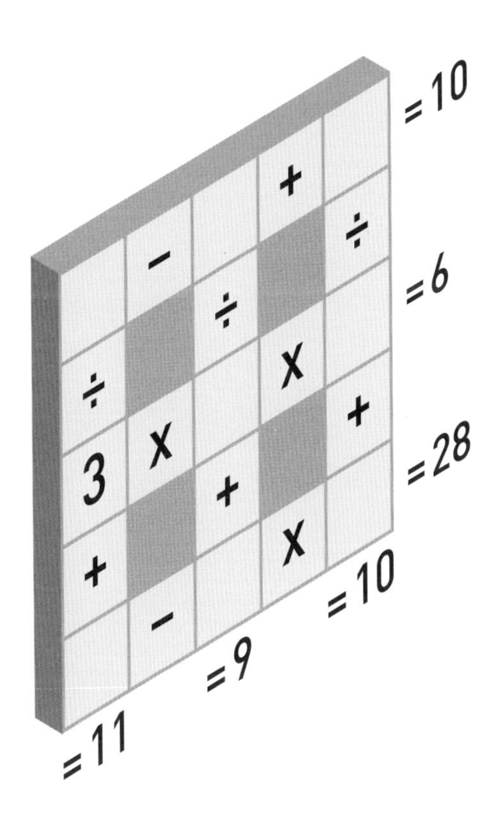

답: 212쪽

007

아래 숫자들은 어떤 규칙에 따라 적혀 있다. 다음에 올 숫자는 무엇일까?

6 15 35 77 143 ?

 답: 212쪽

빈칸 아래 숫자들이 있다. 이 숫자들로 표의 빈칸을 채워야 한다. 표를 어떻게 채워야 할까?

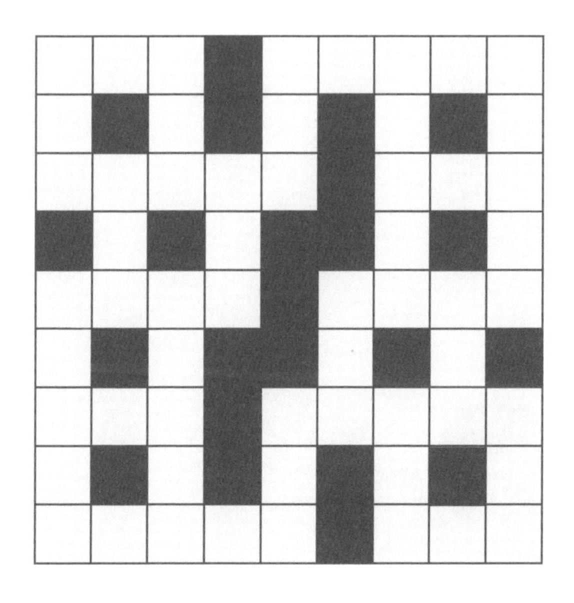

세 자릿수

123, 194, 343, 365, 389, 432, 495, 549, 567, 685, 692, 725, 754, 827

네 자릿수

3274, 3275

다섯 자릿수

31122, 34972, 37165, 47365, 53285, 64344, 69458, 71492

답: 212쪽

아래 규칙에 따라 오른쪽 그림을 색칠하는 문제다. 오른쪽 그림을 어떻게 색칠해야 할까?

- 초록색은 유일하게 움직이지 않았다.
- 주황색은 가까운 위치로 이동했고 그림의 둘레에 있다.
- 보라색은 두 번 이동했다.
- 주황색과 보라색은 닿아 있다.
- 분홍색과 노란색은 둘 다 파랑색과 닿아 있지 않다.

답: 213쪽

아래 그림의 원은 색에 따라 각각의 값을 가진다. 가로줄과 세로줄 끝에 적힌 숫자는 그 줄에 있는 원들이 나타내는 숫자를 더한 값이다. 물음표에 들어갈 숫자는 무엇일까?

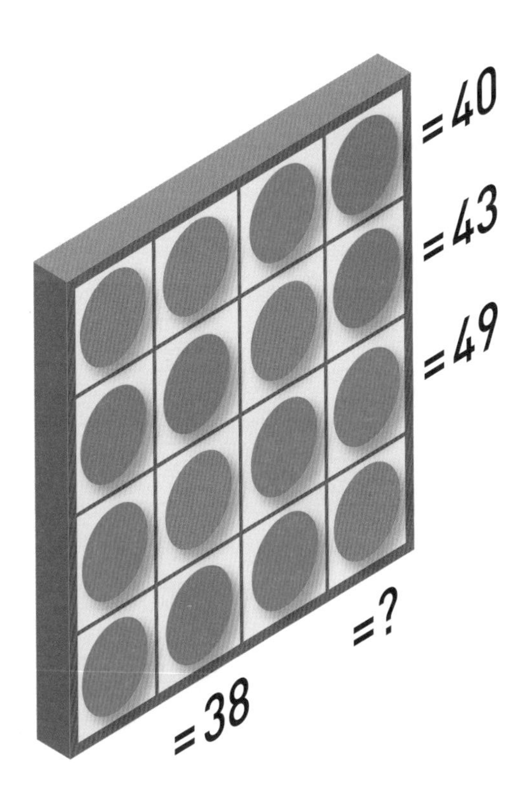

답: 213쪽

아래 두 저울이 균형을 이루고 있다. 마지막 저울이 균형을 이루려면 정육면체 몇 개가 필요할까?

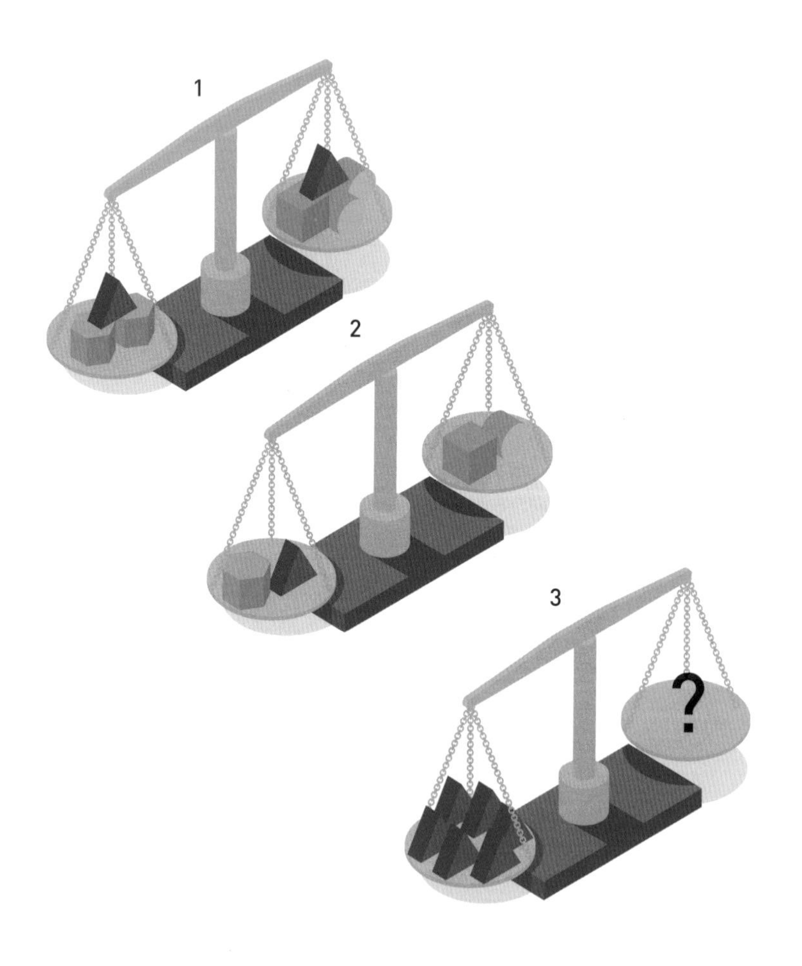

 답: 213쪽

012

우주 여행에 신기원을 연 우주비행사 세 명이 각자 자신들의 경험에 대한 강연을 하면서 세계를 여행하고 있다. 아래 단서를 통해 각 우주비행사가 우주에서 머물던 기간, 우주 정거장 이름, 가장 좋아하던 우주 활동을 추리해보자.

- 셀레나 우주정거장에서 머물렀던 커크 사령관은 가족과 떨어져 19개월을 보냈는데, 스타 경사는 이보다 짧은 기간 머물렀다.
- 커크 사령관이 가장 좋아하는 우주 활동은 우주 산책이 아니었다.
- 과학 실험은 우라니아 우주정거장에서 시간을 보낸 피키 기장을 위한 우주 활동이 아니었다.
- 우주에서 가장 시간을 적게 보낸 사람은 피키 기장이 아니다.
- 우주에서 가장 짧게 머물렀던 사람은 16개월 동안 머물렀다.
- 셀레나 우주정거장은 필터 청소를 즐기는 우주비행사에게 내 집처럼 편안한 곳이었다.
- 궤도에서 21개월을 머물던 우주비행사는 비너스 우주정거장에 가지 않았다.

답: 213쪽

013

아래에 수식이 두 개 있다. 각 수식의 빈칸에 아래 숫자 다섯 개를 넣어 완성해야 한다. 물론 두 수식에 들어가는 숫자의 순서는 다르다. 사칙연산은 곱셈과 나눗셈을 먼저 하지 않고 왼쪽부터 오른쪽 방향으로 계산한다. 수식을 완성해보자. 숫자를 어떻게 채워야 할까?

3 5 6 9 12

○ ÷ ○ + ○ − ○ x ○ = 60

○ − ○ x ○ ÷ ○ + ○ = 7

답: 213쪽

014

도형들의 관계를 파악해보자. 빈칸에 들어갈 도형은 보기 A~E 중 어떤 것일까?

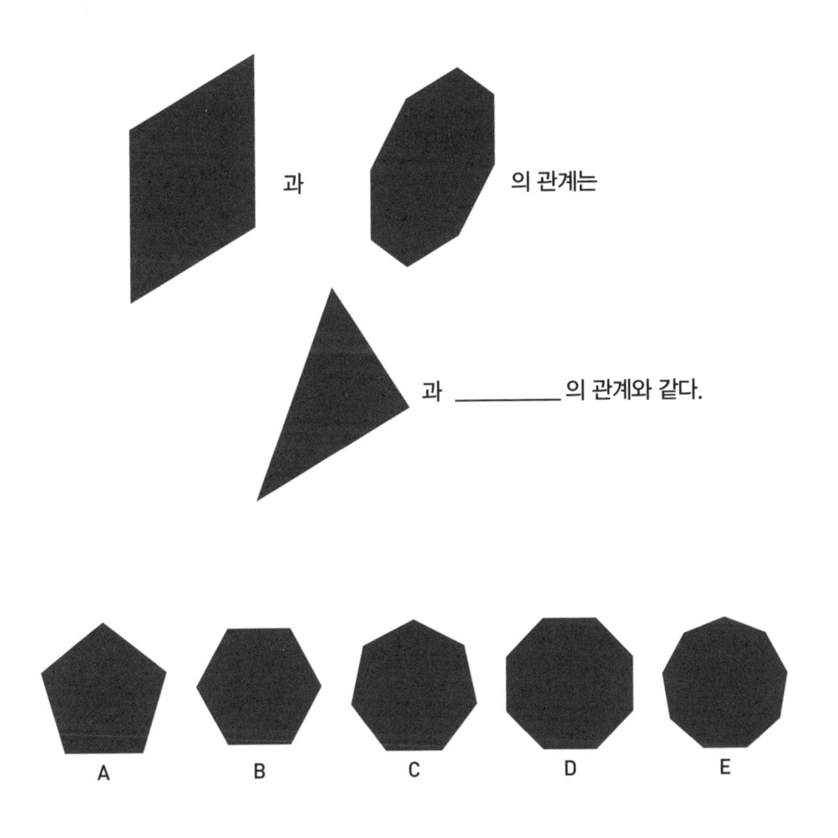

답: 213쪽

아래 네 개 그림은 하나의 패턴으로 연결되어 있다. 다음에 올 그림은 보기 A~D 중 어떤 것일까?

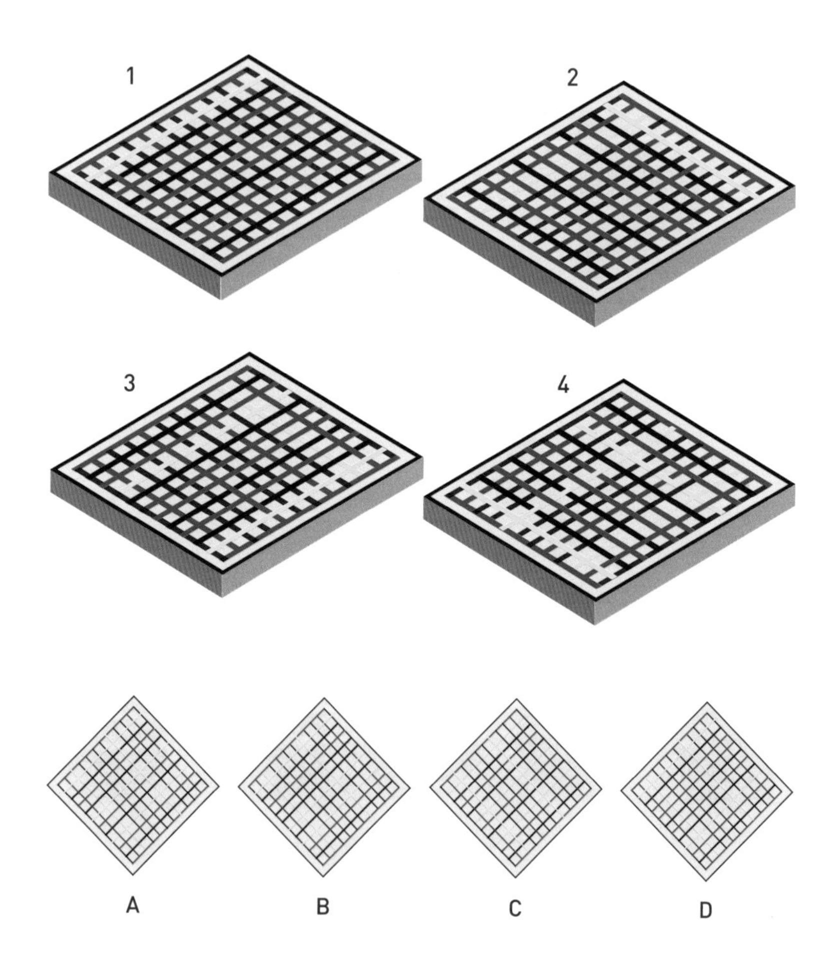

 답: 213쪽

016

아래 숫자는 여성 가수의 이름을 뜻한다. 예를 들어 숫자 3은 D, E, F 중 알파벳 하나를 뜻한다. 숫자를 추리해 이름을 맞혀보자. 여성 가수 여섯 명은 누구일까?

2 3 3 5 3

2 4 3 7

6 2 3 6 6 6 2

7 4 4 2 6 6 2

7 4 2 5 4 7 2

2 3 9 6 6 2 3

답: 213쪽

017

아래 빈칸에 규칙에 맞게 색깔을 채워야 한다. 들어가야 할 색깔은 빨간색, 주황색, 노란색, 초록색, 파란색, 보라색, 분홍색, 갈색, 검은색 총 아홉 가지다. 색깔을 어떻게 채워야 할까?

- 노란색은 검은색보다 위에 있다. 검은색은 파란색의 오른쪽에 있다.
- 갈색은 초록색과 보라색의 위에 있고 분홍색의 왼쪽에 있다.
- 빨간색은 파란색 위에 있고 보라색의 오른쪽에 있다.
- 분홍색은 파란색보다 위에 있고 노란색의 왼쪽에 있다.

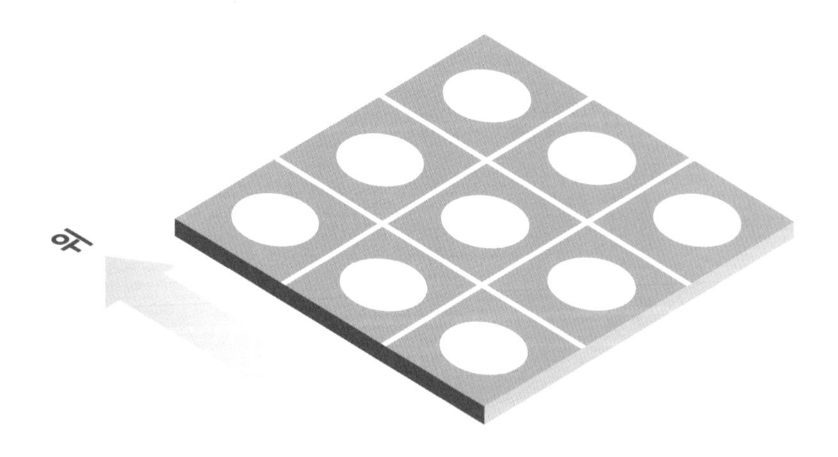

 답: 213쪽

018

아래는 가로세로 숫자퍼즐이다. 가로와 세로 열쇳말을 보고 빈칸을 채워 보자. 색칠한 칸의 값은 날짜(일, 월, 년)를 뜻하는데, 교육학적으로 의미 있는 날이다. 색칠한 칸에 들어갈 숫자는 무엇일까?

1	2		3		4	
5					6	7
	8	9		10		
11						
12	13		14		15	
16					17	18
	19					

가로

1. 〈세로 1〉을 재배열한 수×〈세로 7〉의 앞 두 자릿수×〈세로 9〉
5. 4^2+5^2
6. 4^3
8. 단서 없음
12. 〈가로 19〉−〈가로 1〉
16. 〈가로 5〉+〈가로 17〉
17. 〈세로 9〉의 앞 두 자릿수
19. 100 이하 두 자리 소수 중 가장 큰 수 세 개를 곱한 값

세로

1. 3^2+5^2
2. 6^3
3. 〈세로 7〉−〈세로 11〉
4. 10×〈가로 17〉
7. 〈세로 1〉×(〈가로 5〉를 재배열한 수)
9. 23×7
10. 〈세로 11〉×7
11. 〈가로 19〉의 뒤 세 자리 숫자를 곱한 값
13. 〈세로 3〉+〈세로 4〉+〈세로 7〉
14. 〈세로 9〉의 순서를 바꾼 수 중 가장 작은 수
15. 13,008÷〈가로 17〉
18. 〈세로 1〉+(〈세로 11〉의 마지막 두 자릿수)

답: 213쪽

아래는 그림 암호 문제다. 각 그림에서 유추할 수 있는 숫자를 찾아 수식에 맞게 계산해야 한다. 또 앞에서부터 숫자 두 개씩 묶어 계산한 다음 값을 구해야 한다. 아래 수식을 계산한 값은 몇일까?

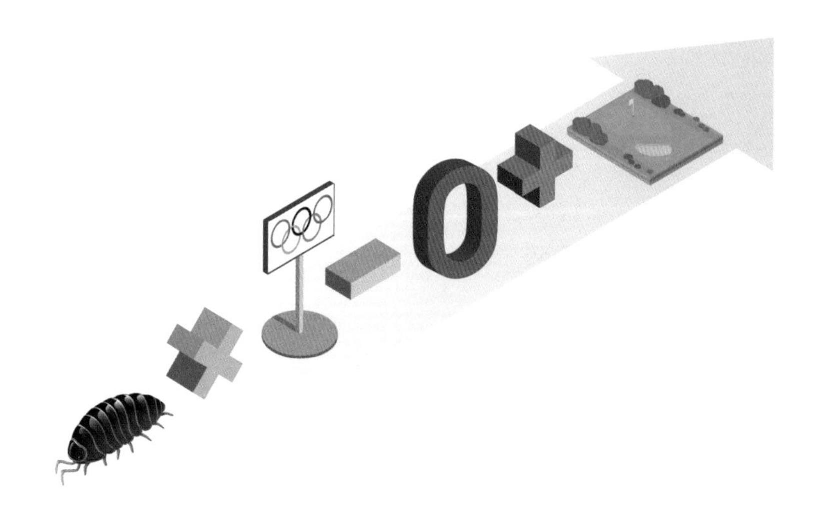

 답: 214쪽

020

새해 전날인 12월 31일에 아샤, 카시아, 사샤 세 자매는 최근 수감된 아버지 스티븐 스티키 핑거스를 방문했다. 이후 각자 정기적으로 방문하기로 정했다. 아샤는 3일에 한 번씩, 카시아는 5일에 한 번씩, 사샤는 7일에 한 번씩 방문하기로 했다. 윤년이 아니라고 할 때 세 자매가 같이 방문하는 횟수는 몇 번이며, 함께 방문하는 첫 번째 날은 언제일까?

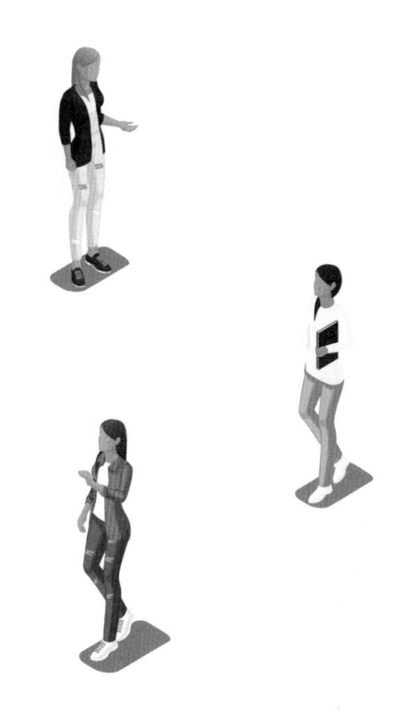

답: 214쪽

021

블록에 적힌 숫자는 바로 아래에 있는 두 블록에 적힌 숫자를 더한 값이다. 빈 블록에 들어갈 숫자는 무엇일까?

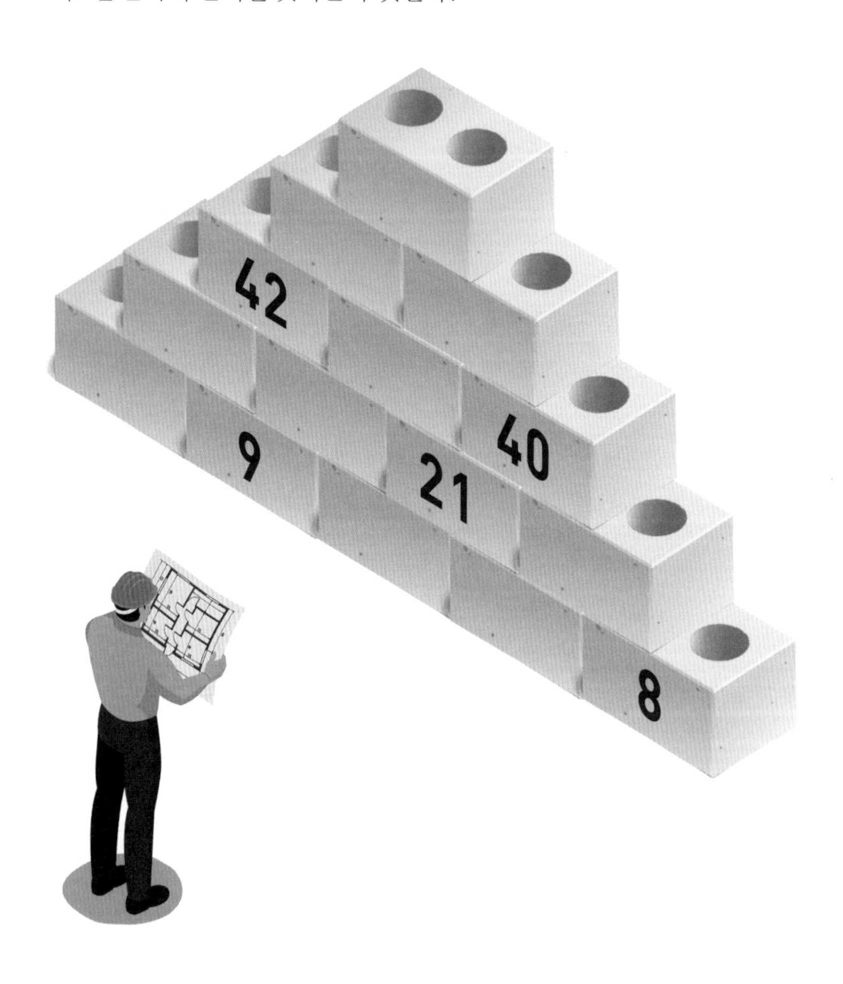

답: 214쪽

022

원에 적힌 숫자들 중 하나는 나머지 원에 적힌 숫자 두 개를 더한 값이다. 이 문제로 숫자를 얼마나 빠르게 분석할 수 있는지 시험할 수 있다. 그 숫자는 무엇일까?

답: 214쪽

아래 칸의 각 행과 열에 초록색, 파란색, 빨간색 원이 한 번씩 들어가야 한다. 행과 열의 끝에 숫자와 색깔 힌트가 있다. 힌트는 어떤 색깔의 원이 몇 번째에 들어가는지 나타낸다. 이때 각 행과 열에 빈 원이 두 개씩 들어가야 하며 빈칸이므로 순서를 따질 때 고려하지 않는다. 예를 들어 초록색 1은 해당 행 또는 열에 그려진 색깔 원 중에서 초록색 원이 빈칸을 제외하고 첫 번째로 나온다는 뜻이다. 규칙에 맞게 칸을 채워보자. 각 칸을 어떻게 색칠해야 할까?

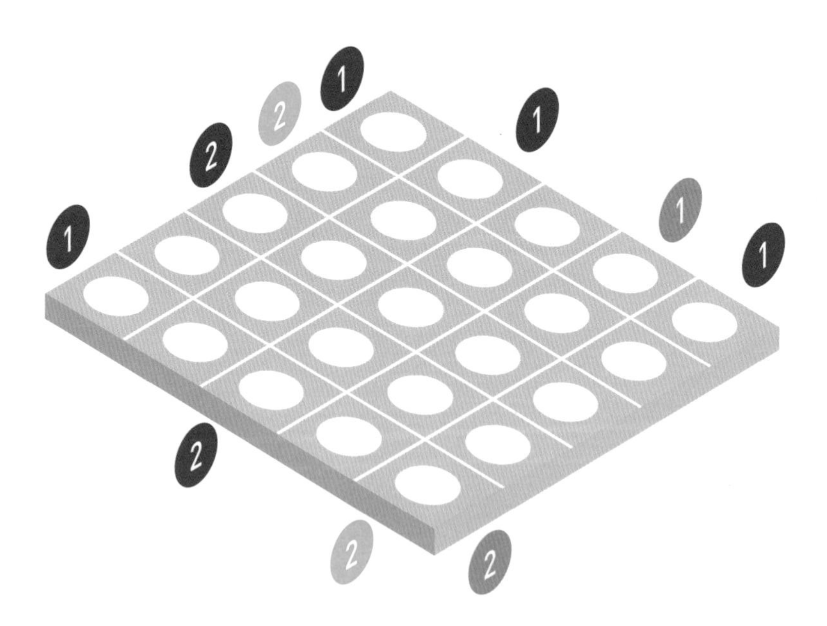

024

아래는 그림 암호 문제다. 각 그림에서 유추할 수 있는 숫자를 찾아 수식에 맞게 계산해야 한다. 또 앞에서부터 숫자 두 개씩 묶어 계산한 다음 값을 구해야 한다. 숫자를 계산한 값은 몇일까?

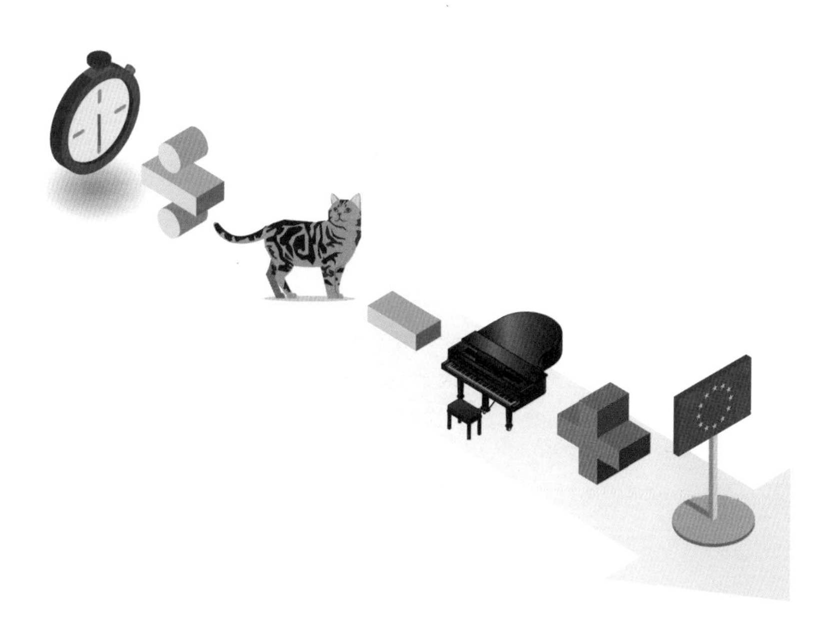

답: 214쪽

네 도시 중 한 도시만 나머지 도시와 연관되어 있다. 그 한 도시는 어디일까?

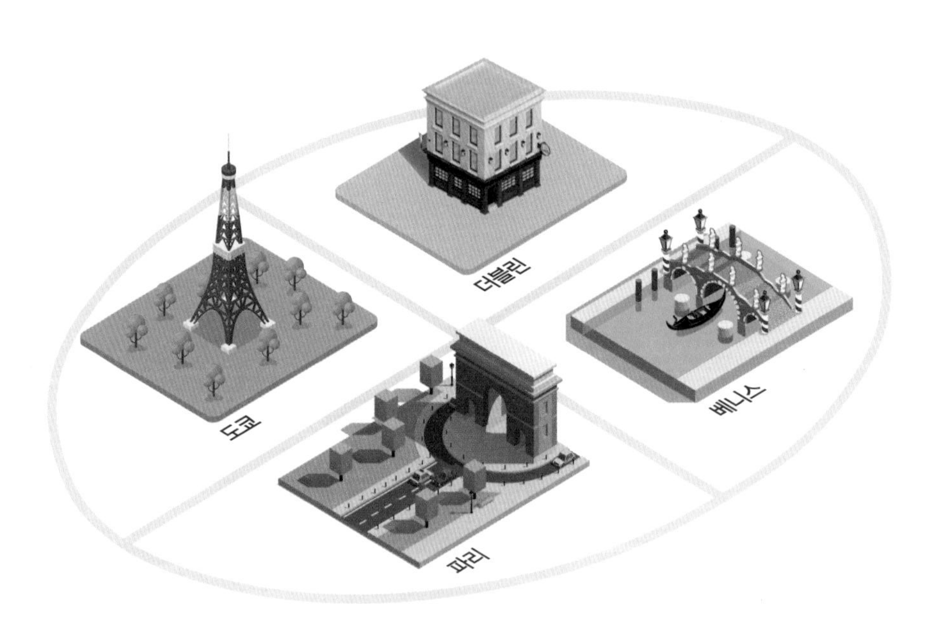

 답: 214쪽

026

아래 빈칸에 1부터 9까지 숫자 아홉 개를 채우는 문제다. 사칙연산은 기존 규칙과 상관없이 왼쪽에서 오른쪽, 위에서 아래로 계산한다. 숫자를 어떻게 채워야 할까?

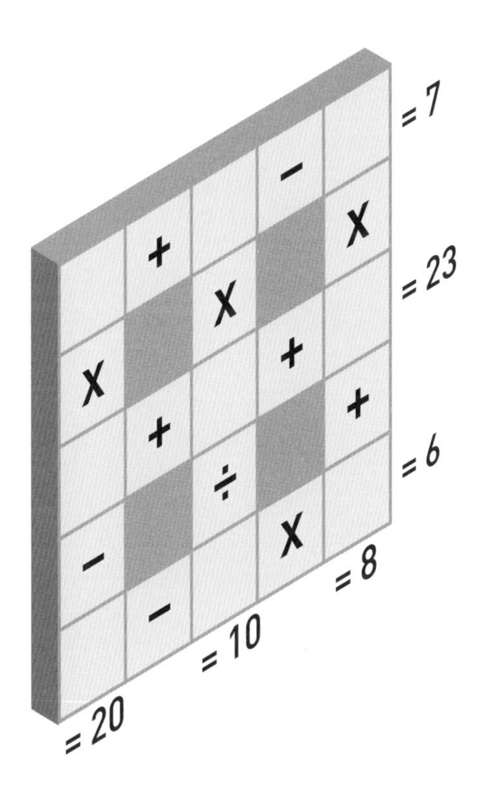

답: 214쪽

027

아래 숫자들은 어떤 규칙에 따라 적혀 있다. 다음에 올 숫자는 무엇일까?

1 1 3 15 105 ?

 답: 215쪽

028

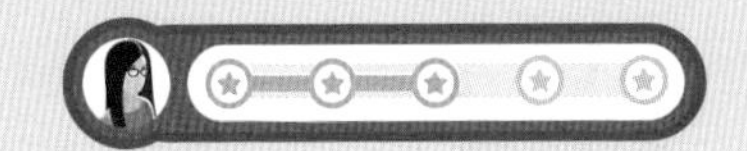

빈칸 아래 숫자들이 있다. 이 숫자들로 표의 빈칸을 채워야 한다. 표를 어떻게 채워야 할까?

세 자릿수	네 자릿수		다섯 자릿수	여섯 자릿수
432	1739	4655	28672	624783
454	1845	4929	28688	
636	1946	6826	31482	**일곱 자릿수**
846	3636		61483	5237829
	3824			

답: 215쪽

아래 규칙에 따라 오른쪽 그림을 색칠하는 문제다. 오른쪽 그림을 어떻게 색칠해야 할까?

- 보라색은 유일하게 움직이지 않았다.
- 파란색은 유일하게 두 칸 이상 움직였다.
- 파란색은 빨간색과 초록색과 닿아 있다.

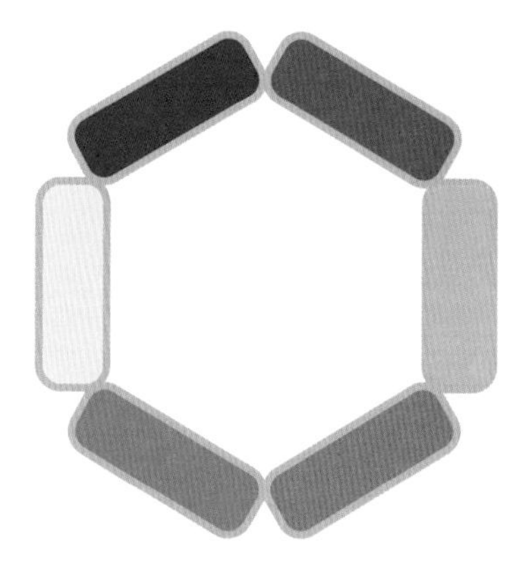

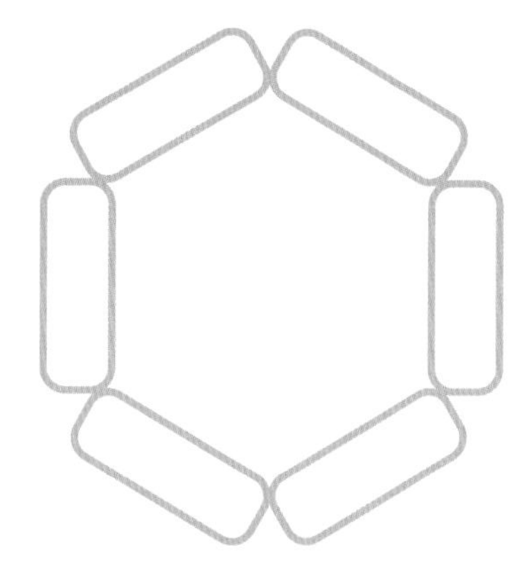

답: 215쪽

030

아래 그림의 원은 색에 따라 각각의 값을 가진다. 가로줄과 세로줄 끝에 적힌 숫자는 그 줄에 있는 원들이 나타내는 숫자를 더한 값이다. 물음표에 들어갈 숫자는 무엇일까?

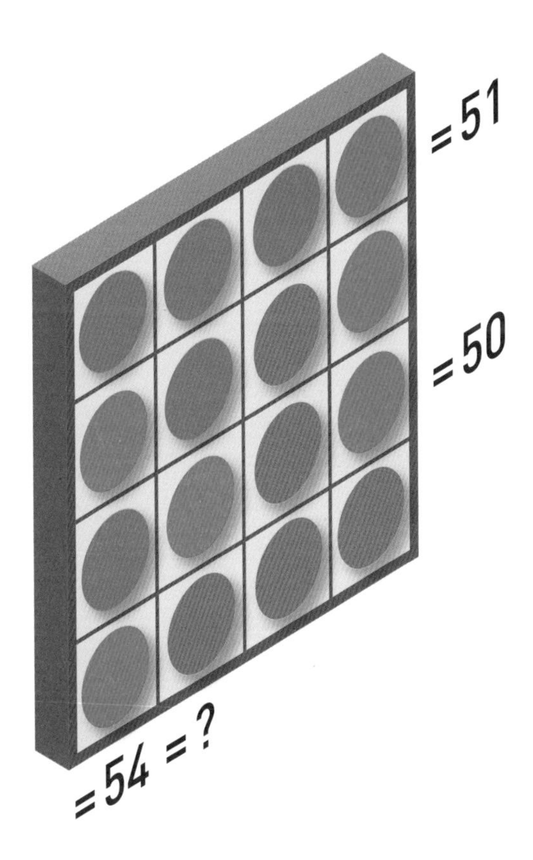

답: 215쪽

아래 네 개 그림은 하나의 패턴으로 연결되어 있다. 다음에 올 그림은 보기 A~D 중 어떤 것일까?

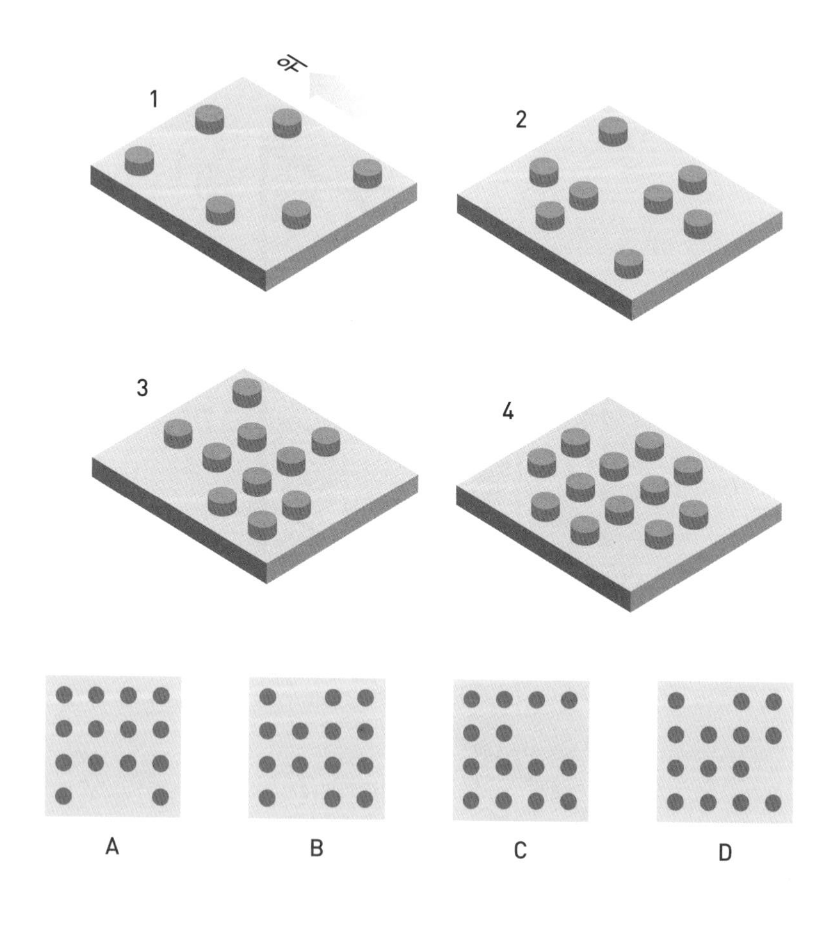

032

숫자 5 다섯 개로 수식 하나를 만들어보자. 식의 값이 66이 되어야 한다. 5를 어떻게 배치해야 할까?

답: 215쪽

033

아래에 수식이 두 개 있다. 각 수식의 빈칸에 아래 숫자 다섯 개를 넣어 완성해야 한다. 물론 두 수식에 들어가는 숫자의 순서는 다르다. 사칙연산은 곱셈과 나눗셈을 먼저 하지 않고 왼쪽부터 오른쪽 방향으로 계산한다. 수식을 완성해보자. 숫자를 어떻게 채워야 할까?

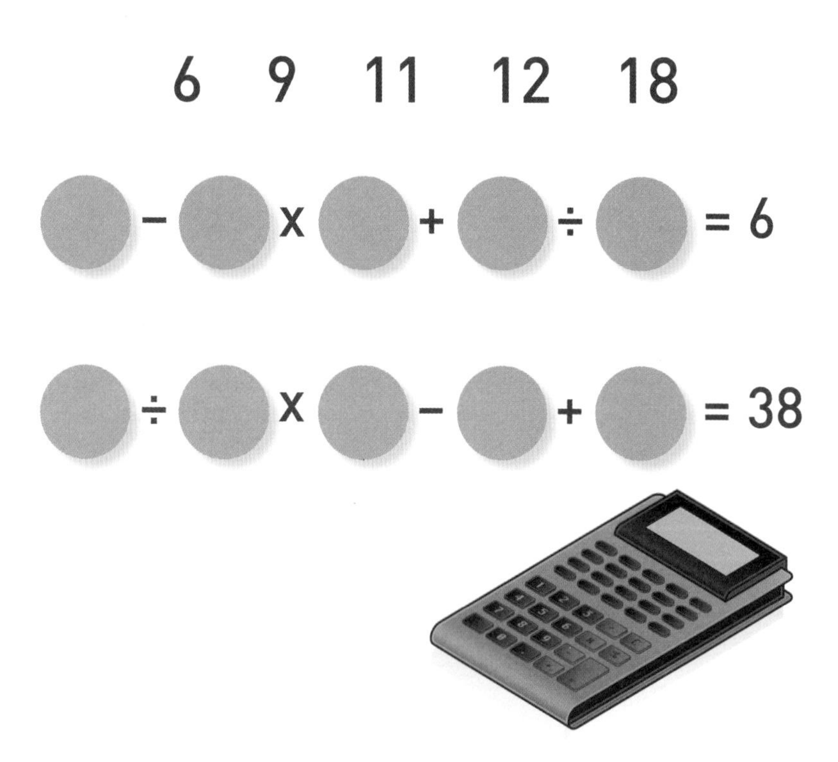

답: 215쪽

034

파라오 클레오파트라는 환심을 사려는 아첨꾼들에게 둘러싸여 있었다. 아첨꾼들은 자신이 얼마나 뛰어난지에 대해 앞다투어 설명했다. 아래 단서로부터 아첨꾼의 이름, 건축물의 이름, 신의 이름, 건축 기간을 추리해 보자.

- 마술사 데디가 이시스 신에게 바친 건물은 피라미드가 아니었고, 짓는 데 요새보다 2년이 더 걸렸다.
- 호루스 신에게 바친 건물은 8년이라는 가장 많은 시간이 걸렸다.
- 부네브의 건축물은 피라미드를 짓는 데 걸린 시간의 반이 들었고 아문 신에게 바쳤다.
- 클레오파트라가 가장 마음에 들어 한 사원은 아드다야가 만들지 않았다.

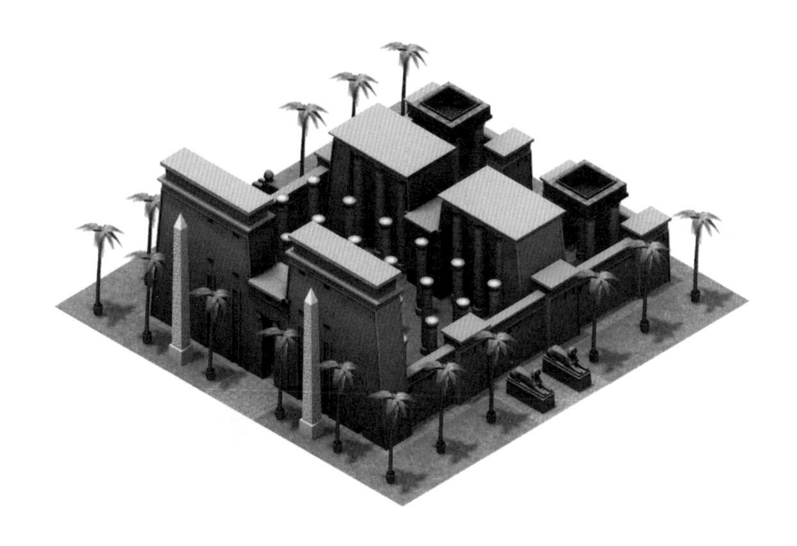

아래 두 저울이 균형을 이루고 있다. 마지막 저울이 균형을 이루려면 삼각기둥 몇 개가 필요할까?

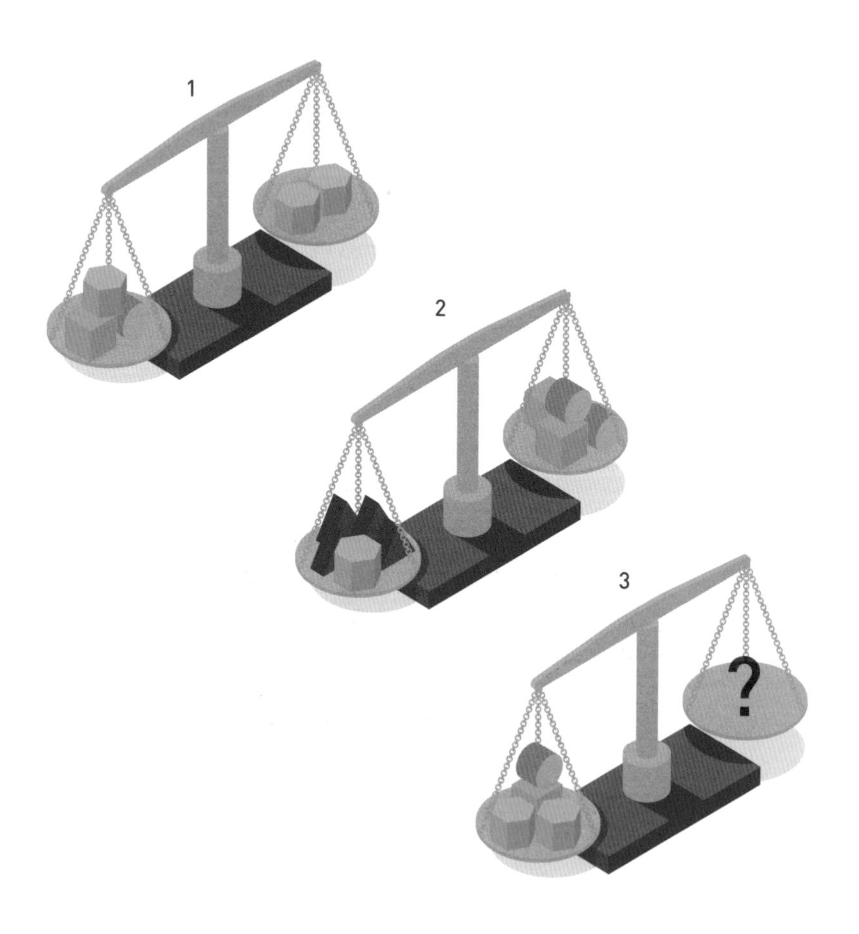

 답:215쪽

036

아래 숫자는 포뮬러 1 트랙의 이름을 뜻한다. 예를 들어 숫자 3은 D, E, F 중 알파벳 하나를 뜻한다. 숫자를 추리해 이름을 맞혀보자. 트랙의 이름은 무엇일까?

6 6 6 9 2

6 6 6 8 3 2 2 7 5 6

2 8 7 8 4 6

4 6 2 5 3 6 4 3 4 6

6 8 7 2 8 7 4 7 4 6 4

7 8 9 8 5 2

답: 215쪽

037

아래 표에 숫자와 버튼이 있다. 오른쪽에 있는 초록색과 빨간색 버튼의 개수는 왼쪽 숫자가 정답 숫자 중 몇 개를 포함하고 있는지 나타낸다. 그중 초록색 버튼의 개수는 정답 숫자 중 몇 개가 올바른 위치에 있는지 보여준다. 예를 들어 2184는 정답 숫자 세 개를 포함하고 있지만 그중 숫자 두 개만 올바른 위치에 있다는 뜻이다. 정답 숫자는 무엇일까?

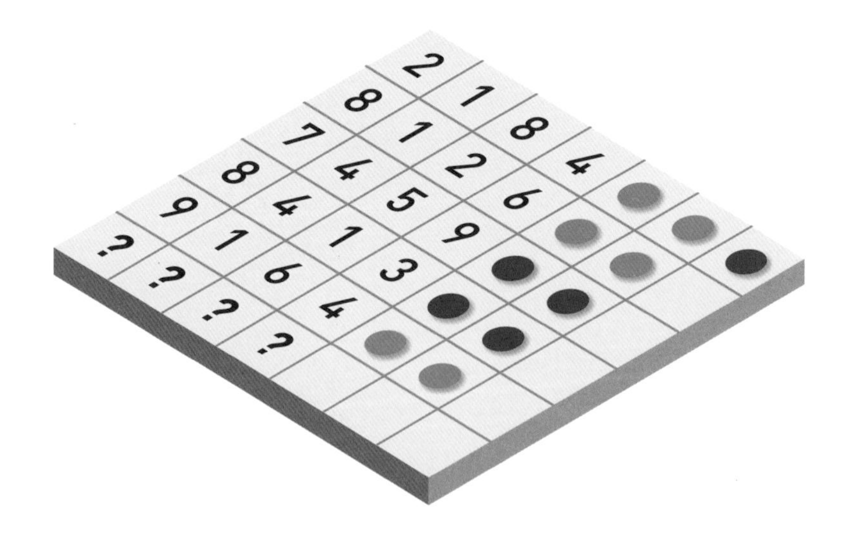

답: 215쪽

038

아래는 가로세로 숫자퍼즐이다. 가로와 세로 열쇳말을 보고 빈칸을 채워 보자. 색칠한 칸의 값은 날짜(일, 월, 년)를 뜻하는데, 의복 역사에서 의미 있는 날이다. 색칠한 칸에 들어갈 숫자는 무엇일까?

1	2	■	3	4		■	5	6
7		8	■		■	9		
■	10		■	11				■
12	■	13	14		■	15		16
17	18			■	19			
20			■	21			■	
■	22				■	23	24	■
25			■		■	26		27
28		■	29			■	30	

가로

1. 〈가로 30〉을 재배열한 수
3. 연속 수 세 개
5. 〈가로 17〉의 앞 두 자릿수
7. 〈가로 3〉 − 20
9. 8×(〈세로 6〉+1)
10. 하루는 몇 시간?
11. 619 × 15
13. 299+303+308
15. 〈가로 1〉×3
17. 227×〈가로 3〉의 처음 숫자
19. 8주에 해당하는 일 수를 제곱한 수
20. 한 자리 소수의 세 제곱
21. 〈가로 1〉×〈가로 1〉의 처음 숫자
22. 23×223
23. 〈가로 5〉×3
25. 원의 내각
26. 18×31
28. 3×〈가로 30〉
29. 〈가로 28〉+〈세로 14〉+〈세로 25〉+〈가로 30〉
30. 〈세로 16〉의 제곱근

세로

1. 4 × 〈가로 10〉
2. 〈세로 24〉 − 〈가로 21〉
4. 74^2+(7 × 4의 제곱근)
5. 모두 다른 홀수의 나열
6. 〈세로 16〉의 앞 두 자릿수
8. 〈가로 21〉 × 〈세로 4〉
9. 단서 없음
12. 〈가로 29〉의 첫 번째 숫자와 두 번째 숫자를 바꾼 수
14. 여섯 개의 약수가 있는 수 중 가장 작은 수
16. 〈세로 4〉 − 〈가로 22〉
18. 연속 수 다섯 개
19. 〈가로 19〉의 앞 두 자릿수
21. 373 × 24
24. 4755의 20%
25. 커지는 홀수 중 연속 수 두 개
27. 5^2+8^2

답: 216쪽

도형들의 관계를 파악해보자. 빈칸에 들어갈 도형은 보기 A~E 중 어떤 것일까?

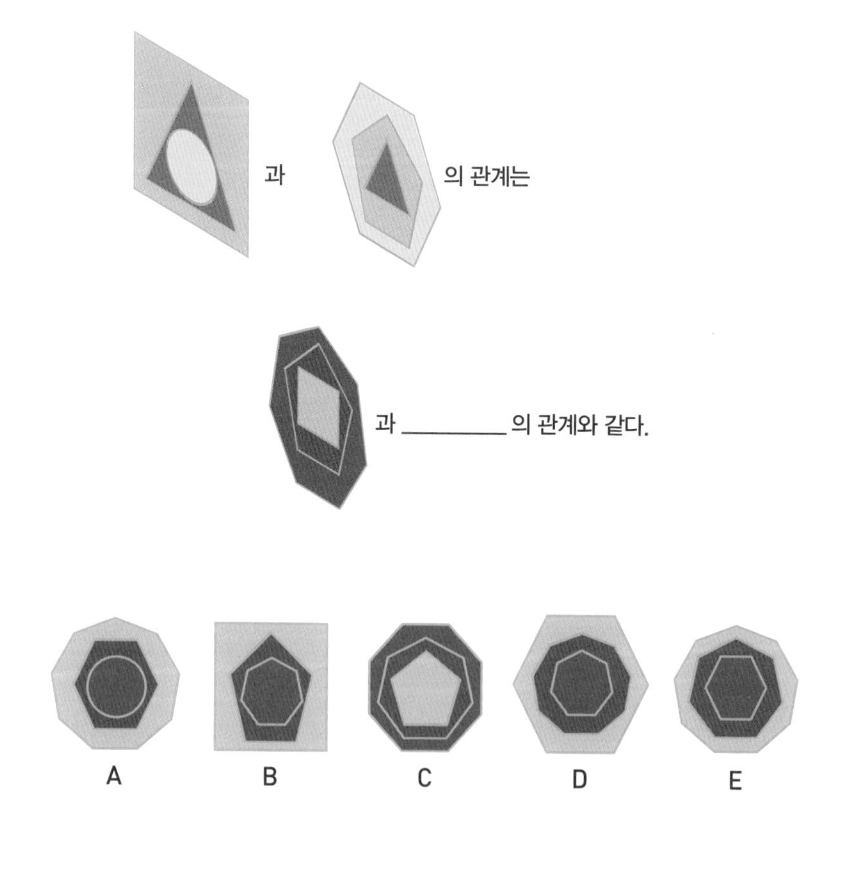

 답:216쪽

040

아래 빈칸에 규칙에 맞게 색깔을 채워야 한다. 들어가야 할 색깔은 빨간색, 주황색, 노란색, 초록색, 파란색, 보라색, 분홍색, 갈색, 검은색 총 아홉 가지다. 색깔을 어떻게 채워야 할까?

– 검은색은 주황색 아래에 있고 보라색의 왼쪽에 있다.

– 초록색은 빨간색과 갈색의 위에 있다.

– 노란색은 갈색의 왼쪽에 있는 보라색 위에 있다.

– 빨간색은 주황색과 노란색의 오른쪽에 있다.

– 파란색은 분홍색의 오른쪽에 있다.

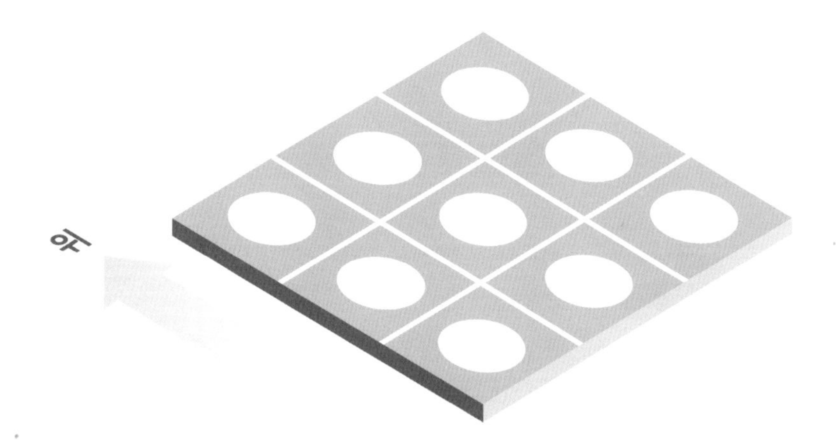

답:216쪽

블록에 적힌 숫자는 바로 아래에 있는 두 블록에 적힌 숫자를 더한 값이다. 빈 블록에 들어갈 숫자는 무엇일까?

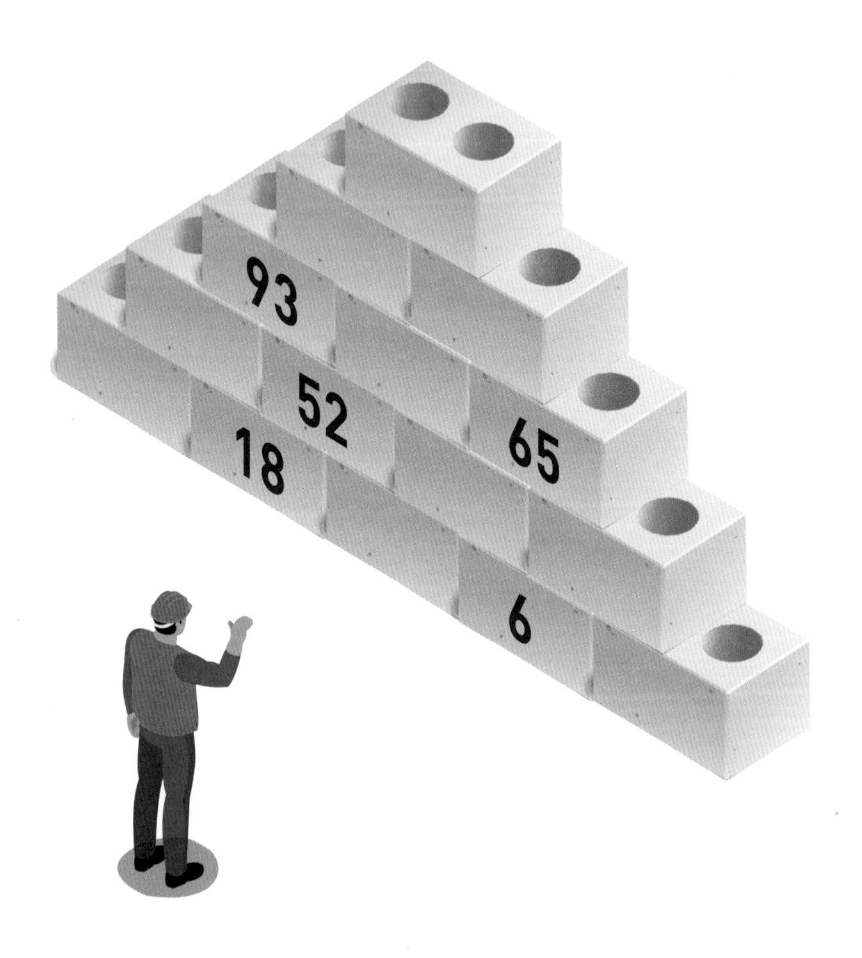

 답: 216쪽

042

원에 적힌 숫자들 중 하나는 나머지 원에 적힌 숫자 두 개를 더한 값이다. 이 문제로 숫자를 얼마나 빠르게 분석할 수 있는지 시험할 수 있다. 그 숫자는 무엇일까?

답: 216쪽

아래 칸의 각 행과 열에 초록색, 파란색, 빨간색 원이 한 번씩 들어가야 한다. 행과 열의 끝에 숫자와 색깔 힌트가 있다. 힌트는 어떤 색깔의 원이 몇 번째에 들어가는지 나타낸다. 이때 각 행과 열에 빈 원이 두 개씩 들어가야 하며 빈칸이므로 순서를 따질 때 고려하지 않는다. 예를 들어 초록색 2는 해당 행 또는 열에 그려진 색깔 원 중에서 초록색 원이 빈칸을 제외하고 두 번째로 나온다는 뜻이다. 규칙에 맞게 칸을 채워보자. 각 칸을 어떻게 색칠해야 할까?

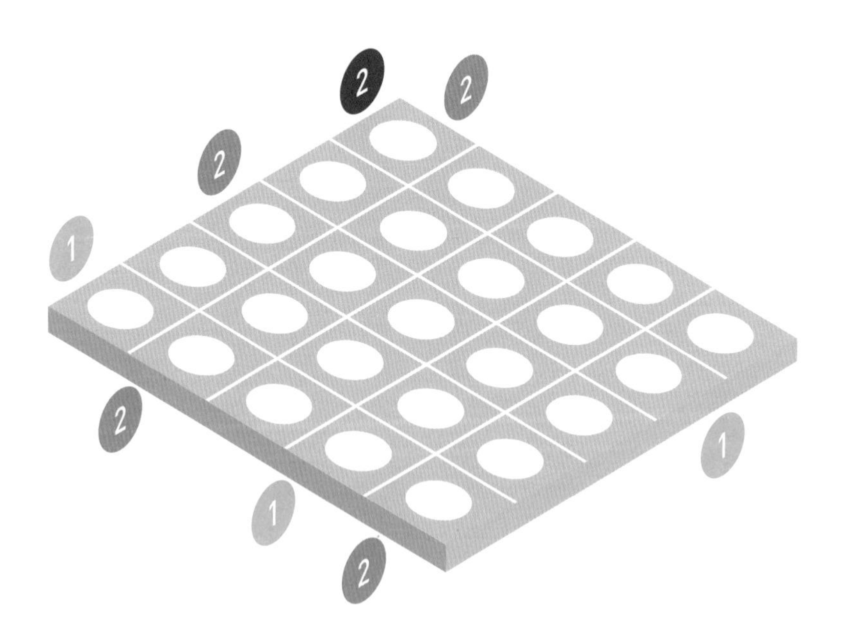

 답: 216쪽

센추리아 행성은 1년이 100일이다. 어느 날이든 아이가 태어날 가능성이 같다고 가정한다면, 두 사람이 같은 생일이 아닐 가능성보다 같은 생일일 가능성이 더 높아지기 위해서는 얼마나 많은 센추리아 인들이 늘어나야 할까?

답: 216쪽

네 가지 악기 중 한 가지 악기만 나머지 악기와 연관되어 있다. 한 가지 악기는 어느 것일까?

 답: 217쪽

아래 빈칸에 1부터 9까지 숫자 아홉 개를 채우는 문제다. 사칙연산은 기존 규칙과 상관없이 왼쪽에서 오른쪽, 위에서 아래로 계산한다. 숫자를 어떻게 채워야 할까?

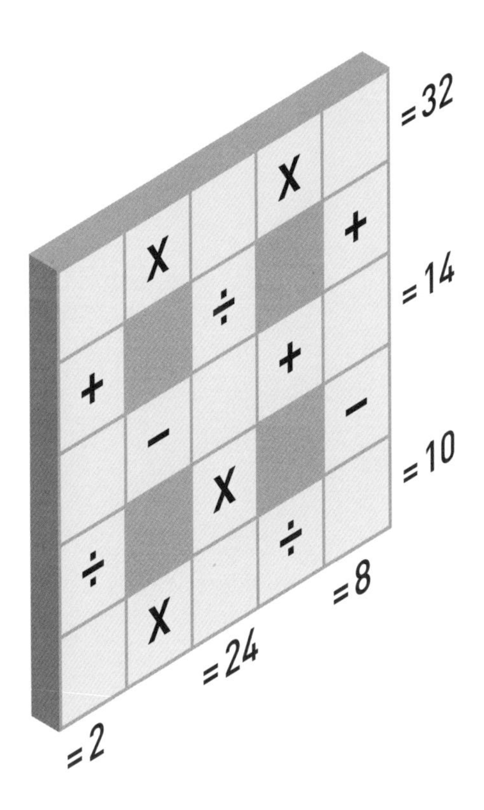

답: 217쪽

047

빈칸 아래 숫자들이 있다. 이 숫자들로 표의 빈칸을 채워야 한다. 표를 어떻게 채워야 할까?

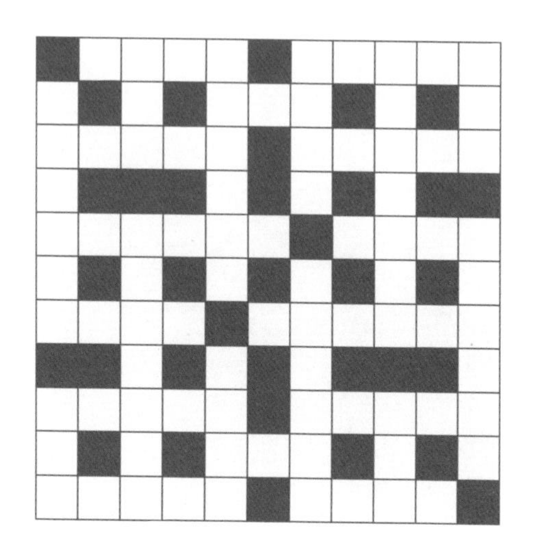

세 자릿수	네 자릿수	다섯 자릿수	여섯 자릿수	일곱 자릿수
105	4197	15471	350386	2928463
215	4723	45231	370434	2956483
291	4757	45234	452686	
494	6120	53870	652337	
751	6427	57340	750414	
798	6753	90234	776417	

 답: 217쪽

048

아래 숫자들은 어떤 규칙에 따라 적혀 있다. 다음에 올 숫자는 무엇일까?

363 224 139 85 54 31 23 ?

답: 217쪽

아래 규칙에 따라 오른쪽 그림을 색칠하는 문제다. 오른쪽 그림을 어떻게 색칠해야 할까?

– 사각형에 색칠된 색깔은 모두 이동했지만 삼각형에 색칠된 색깔은 두 가지 색깔만 이동했다.
– 빨간색은 보라색과 초록색과 닿아 있다.
– 주황색은 아래쪽으로 이동했다.
– 초록색은 다른 줄에 있는 하늘색과 닿아 있다.
– 노란색은 주황색과 닿아 있다.

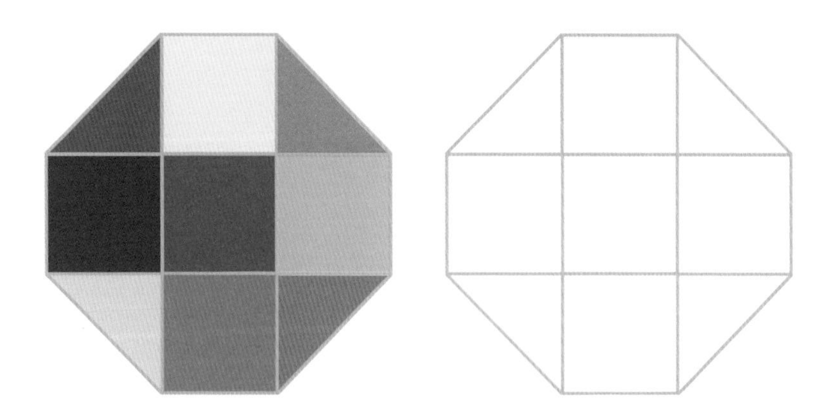

 답: 217쪽

아래 그림의 원은 색에 따라 각각의 값을 가진다. 가로줄과 세로줄 끝에 적힌 숫자는 그 줄에 있는 원들이 나타내는 숫자를 더한 값이다. 물음표에 들어갈 숫자는 무엇일까?

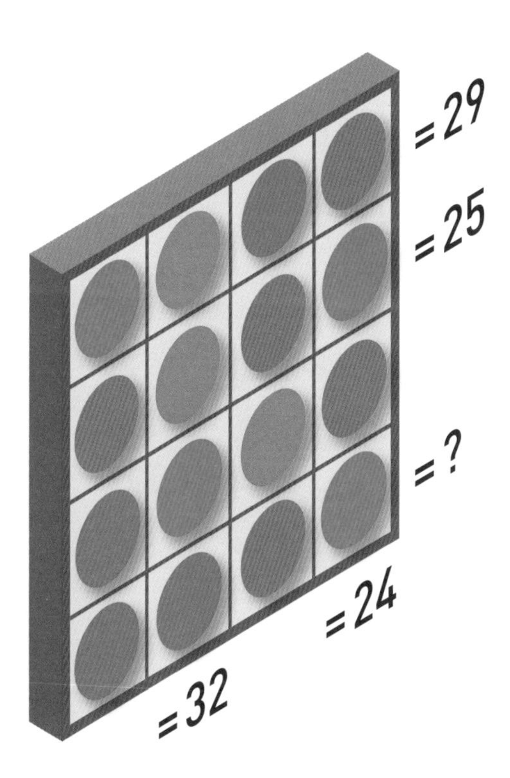

답: 217쪽

아래 두 저울이 균형을 이루고 있다. 마지막 저울이 균형을 이루려면 삼각기둥 몇 개가 필요할까?

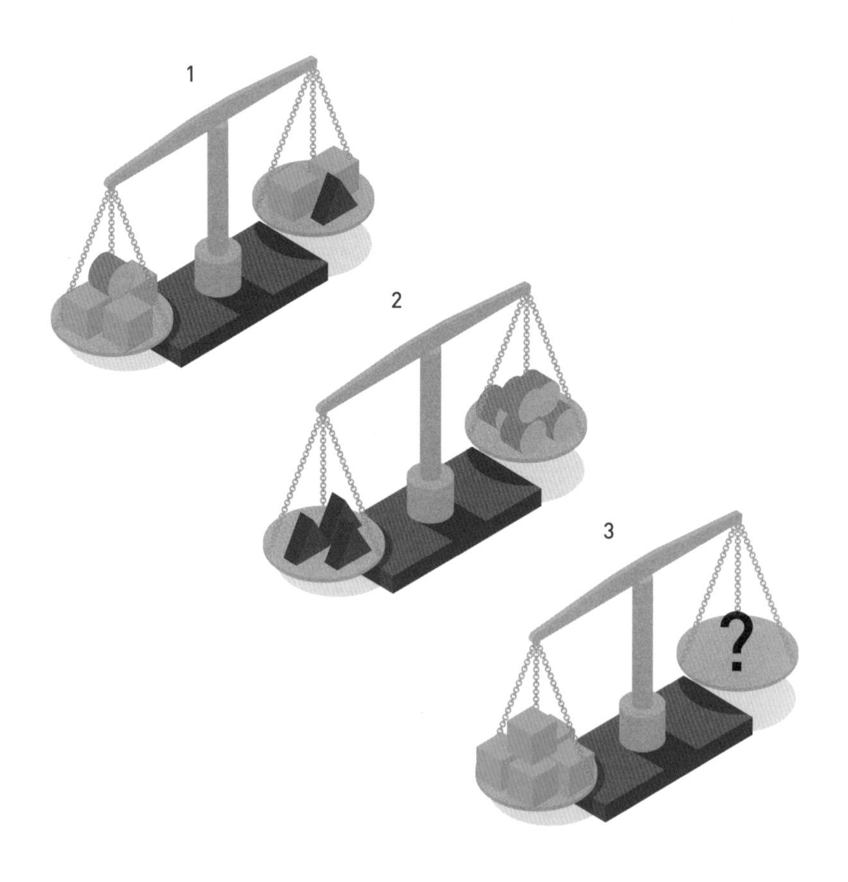

 답: 217쪽

052

공교롭게도 세 이웃이 같은 날에 은퇴를 했다. 아래 단서를 통해 세 사람이 근무한 기간, 여행지, 은퇴 선물을 추리해보자.

- 33년을 보낸 유리가 직장에서 적은 시간을 보냈다.
- 알프스 산맥에서 휴가를 보내기를 희망하던 예후디는 은퇴 선물로 손목시계를 받지 않았다.
- 로마에서 휴가를 보내고 싶어 하는 남자가 손목시계를 받았다.
- 야스민은 한 직장을 45년 동안 다녔다. 그녀는 회중시계를 받지 않았다.
- 휴대용 시계를 받은 사람의 휴가 목적지는 텍사스다. 그는 40년 동안 근무한 사람이 아니다.

답: 217쪽

053

아래에 수식이 두 개 있다. 각 수식의 빈칸에 아래 숫자 다섯 개를 넣어 완성해야 한다. 물론 두 수식에 들어가는 숫자의 순서는 다르다. 사칙연산은 곱셈과 나눗셈을 먼저 하지 않고 왼쪽부터 오른쪽 방향으로 계산한다. 수식을 완성해보자. 숫자를 어떻게 채워야 할까?

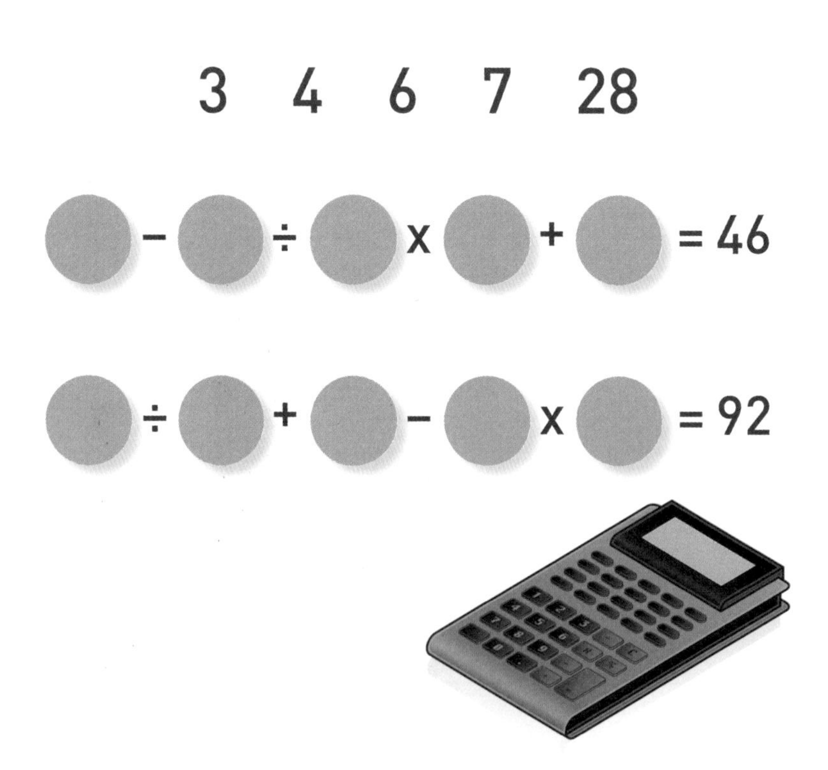

 답: 217쪽

도형들의 관계를 파악해보자. 빈칸에 들어갈 도형은 보기 A~E 중 어떤 것일까?

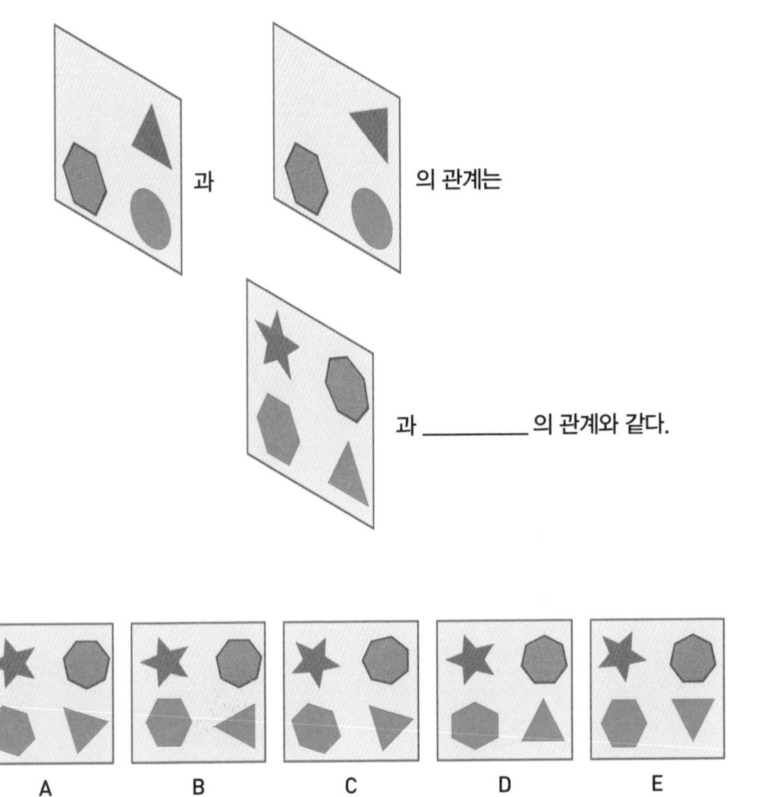

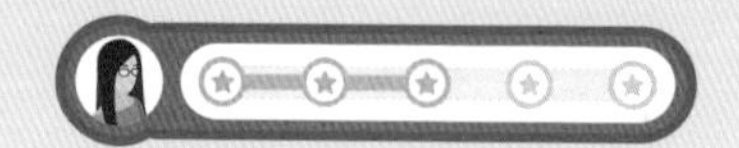

아래 네 개 그림은 하나의 패턴으로 연결되어 있다. 다음에 올 그림은 보기 A~D 중 어떤 것일까?

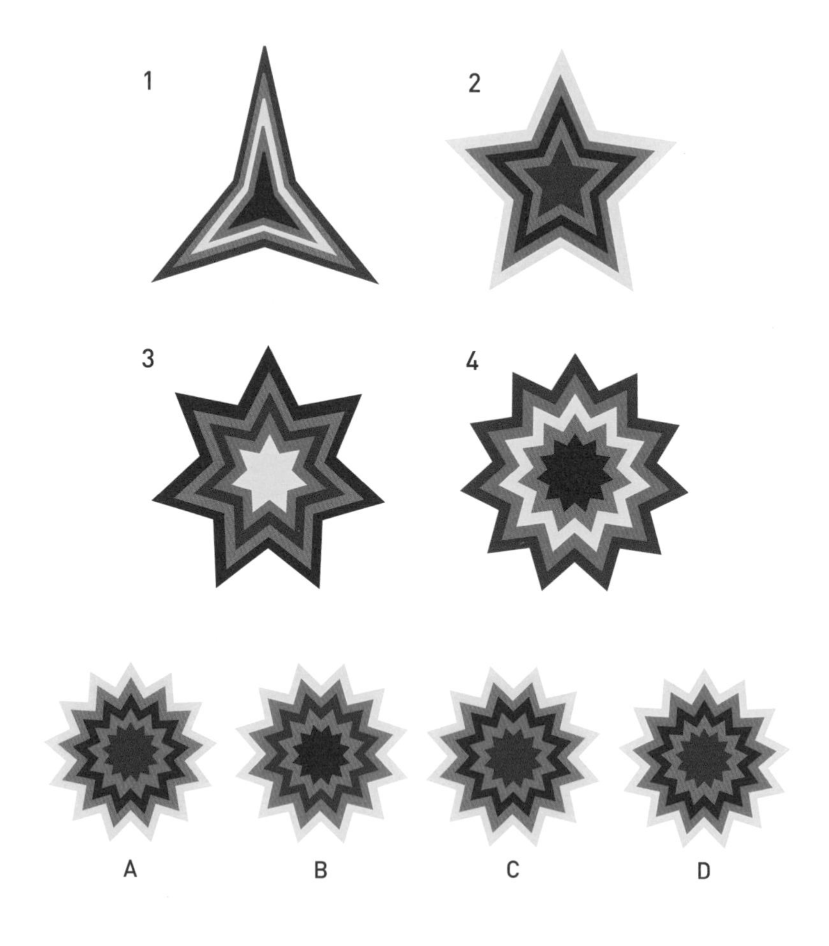

답: 218쪽

056

아래 숫자는 미국 대통령의 이름을 뜻한다. 예를 들어 숫자 3은 D, E, F 중 알파벳 하나를 뜻한다. 숫자를 추리해 이름을 맞혀보자. 미국 대통령 여섯 명은 누구일까?

8 7 8 6 7

6 2 2 6 2

7 3 2 4 2 6

2 2 7 8 3 7

4 6 6 8 3 7

2 6 6 5 4 3 4 3

답: 218쪽

057

아래 빈칸에 규칙에 맞게 색깔을 채워야 한다. 들어가야 할 색깔은 빨간색, 주황색, 노란색, 초록색, 파란색, 보라색, 분홍색, 갈색, 검은색 총 아홉 가지다. 색깔을 어떻게 채워야 할까?

– 분홍색은 주황색과 노란색의 위에 있다.

– 노란색은 보라색의 왼쪽에 있다.

– 빨간색과 분홍색의 왼쪽에 있는 초록색은 검은색 위에 있다.

– 보라색은 빨간색과 갈색의 아래에 있다.

– 갈색은 검은색의 오른쪽에 있다.

– 파란색은 노란색의 왼쪽에 있다.

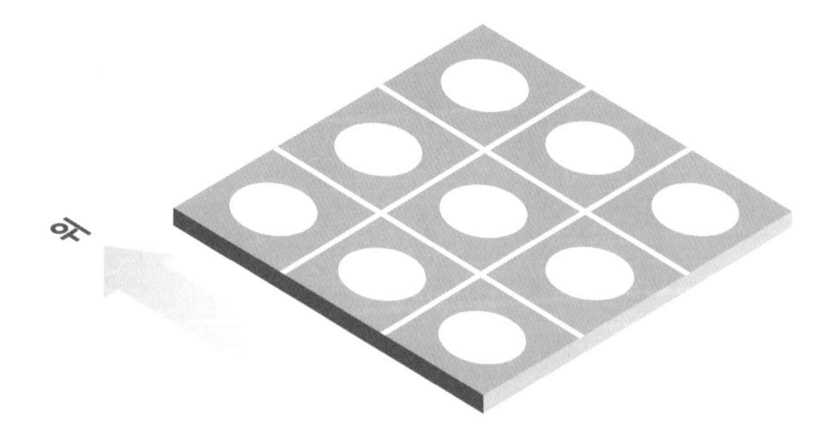

 답: 218쪽

058

아래는 가로세로 숫자퍼즐이다. 가로와 세로 열쇳말을 보고 빈칸을 채워 보자. 색칠한 칸의 값은 날짜(일, 월, 년)를 뜻하는데, 코미디 역사에서 의미 있는 날이다. 색칠한 칸에 들어갈 숫자는 무엇일까?

■	1		2	3		4	■	5
6		■	7		■	8	9	
	■	10		■	11			
12	13					■		■
■	14			■	15	16		■
■		■	17					18
19		20		■	21		■	
22			■	23		■	24	
	■	25						■

가로

1. $1907\times2^3\times3^3$
6. 〈세로 20〉의 제곱근
7. 〈세로 6〉÷〈가로 10〉
8. 241+271+281
10. 〈가로 23〉의 3분의 1
11. 421+431+431
12. 〈세로 18〉×〈가로 19〉
14. 〈세로 19〉를 재배열한 수
15. 〈세로 1〉×16
17. 66083×〈가로 7〉
19. 5432−4342
21. 〈세로 19〉의 반
22. 27×28
23. 〈세로 6〉의 20%
24. 〈가로 8〉÷13
25. 〈가로 10〉×〈가로 11〉×5

세로

1. 〈가로 6〉+10
2. 〈가로 17〉+〈가로 25〉
3. 〈세로 16〉−〈세로 5〉
4. 16×17
5. 〈세로 6〉+〈가로 21〉
6. 커지는 연속 수
9. 17×32×181
10. 〈세로 6〉−〈가로 23〉
11. 단서 없음
13. 〈가로 7〉×〈가로 24〉×〈세로 23〉
16. 〈세로 19〉의 300%
18. 〈세로 6〉+〈세로 19〉
19. 11×16
20. 222+314+425
23. 〈세로 19〉를 뒤집은 수의 마지막 두 자릿수
24. 4^2+7^2

답: 218쪽

아래는 그림 암호 문제다. 각 그림에서 유추할 수 있는 숫자를 찾아 수식에 맞게 계산해야 한다. 또 앞에서부터 숫자 두 개씩 묶어 계산한 다음 값을 구해야 한다. 아래 수식을 계산한 값은 몇일까?

힌트 : 소수

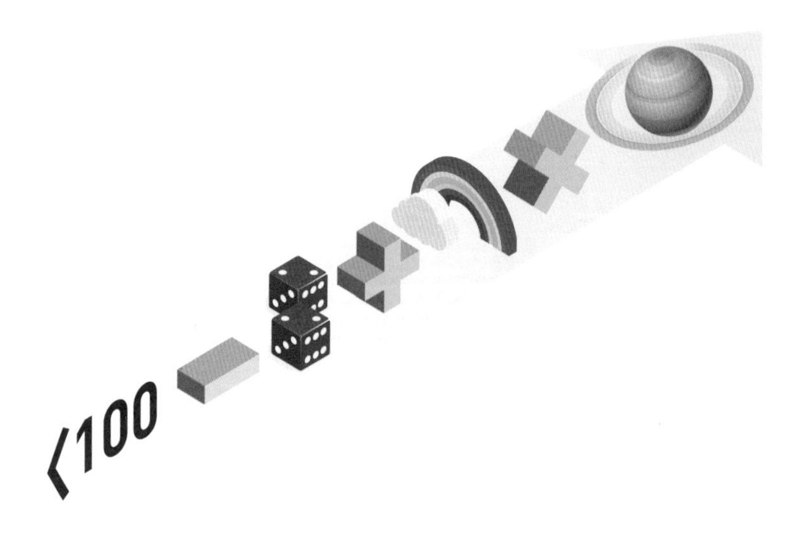

답: 218쪽

아래 표에 숫자와 버튼이 있다. 오른쪽에 있는 초록색과 빨간색 버튼의 개수는 왼쪽 숫자가 정답 숫자 중 몇 개를 포함하고 있는지 나타낸다. 그 중 초록색 버튼의 개수는 정답 숫자 중 몇 개가 올바른 위치에 있는지 보여준다. 예를 들어 4153은 정답 숫자 두 개를 포함하고 있지만 그중 숫자 한 개만 올바른 위치에 있다는 뜻이다. 정답 숫자는 무엇일까?

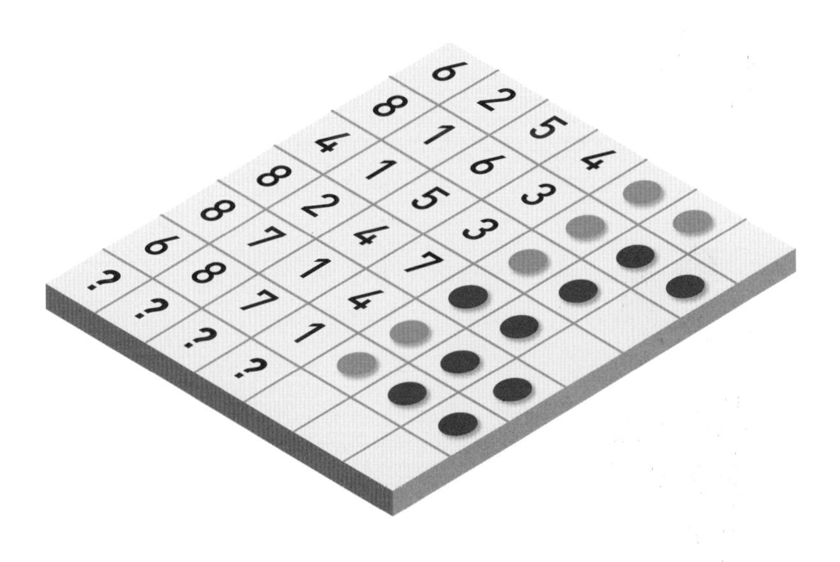

답: 218쪽

061

블록에 적힌 숫자는 바로 아래에 있는 두 블록에 적힌 숫자를 더한 값이다. 빈 블록에 들어갈 숫자는 무엇일까?

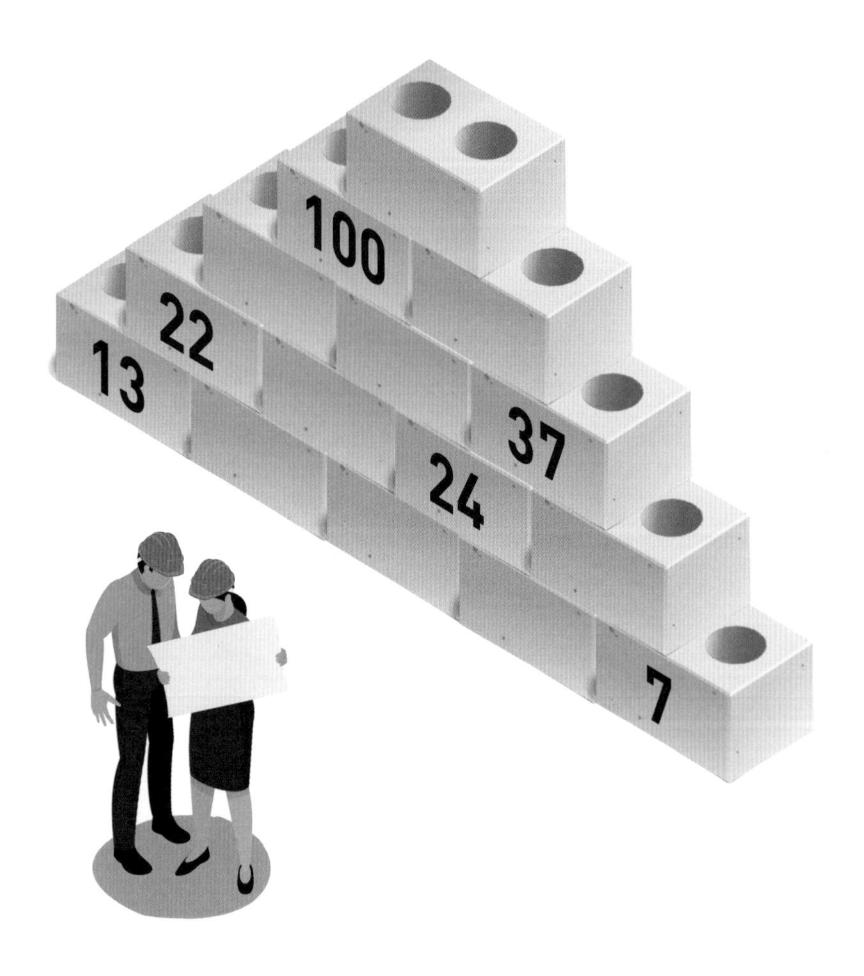

 답: 219쪽

062

원에 적힌 숫자들 중 하나는 나머지 원에 적힌 숫자 두 개를 더한 값이다. 이 문제로 숫자를 얼마나 빠르게 분석할 수 있는지 시험할 수 있다. 그 숫자는 무엇일까?

답: 219쪽

아래 표에 숫자와 버튼이 있다. 오른쪽에 있는 초록색과 빨간색 버튼의 개수는 왼쪽 숫자가 정답 숫자 중 몇 개를 포함하고 있는지 나타낸다. 그 중 초록색 버튼의 개수는 정답 숫자 중 몇 개가 올바른 위치에 있는지 보여준다. 예를 들어 8326은 정답 숫자 두 개를 포함하고 있지만 그중 숫자 한 개만 올바른 위치에 있다는 뜻이다. 정답 숫자는 무엇일까?

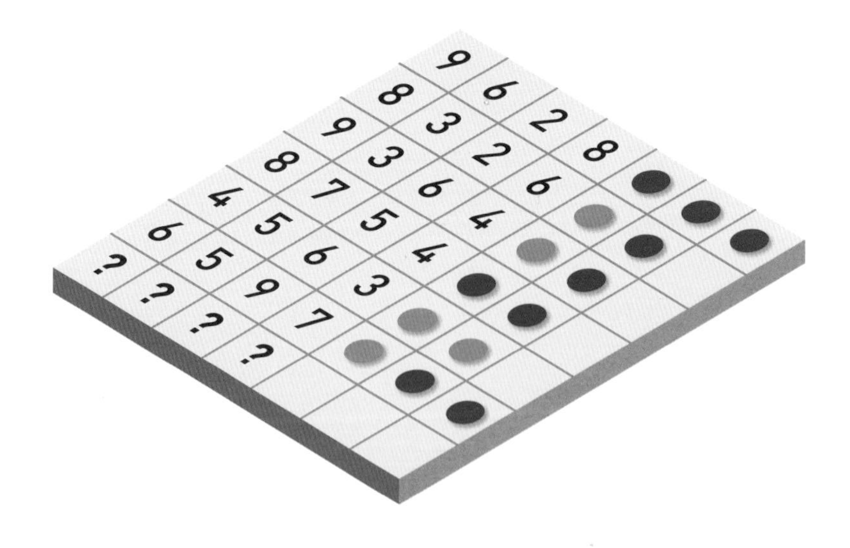

 답: 219쪽

064

아래 그림의 원은 색에 따라 각각의 값을 가진다. 가로줄과 세로줄 끝에 적힌 숫자는 그 줄에 있는 원들이 나타내는 숫자를 더한 값이다. 노란색 원이 나타내는 숫자는 무엇일까?

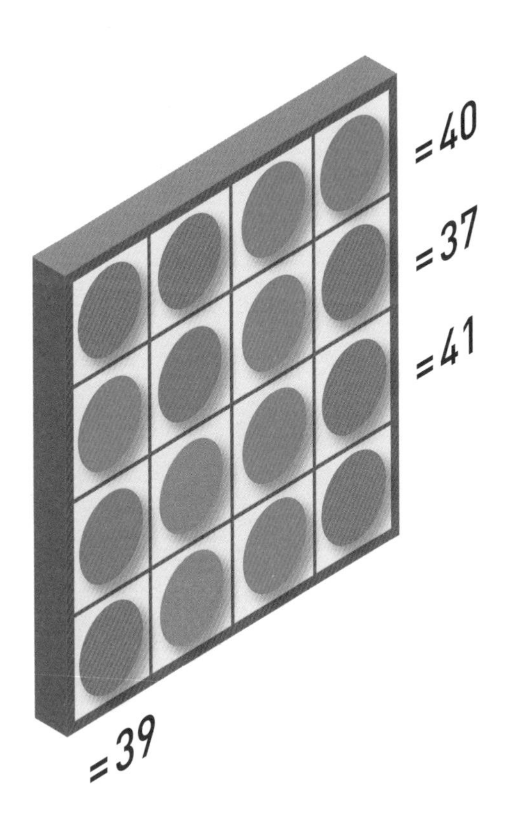

답: 219쪽

네 가지 신 중 한 신만 나머지 신들과 연관되어 있다. 한 신은 누구일까?

 답: 219쪽

아래 빈칸에 1부터 9까지 숫자 아홉 개를 채우는 문제다. 사칙연산은 기존 규칙과 상관없이 왼쪽에서 오른쪽, 위에서 아래로 계산한다. 숫자를 어떻게 채워야 할까?

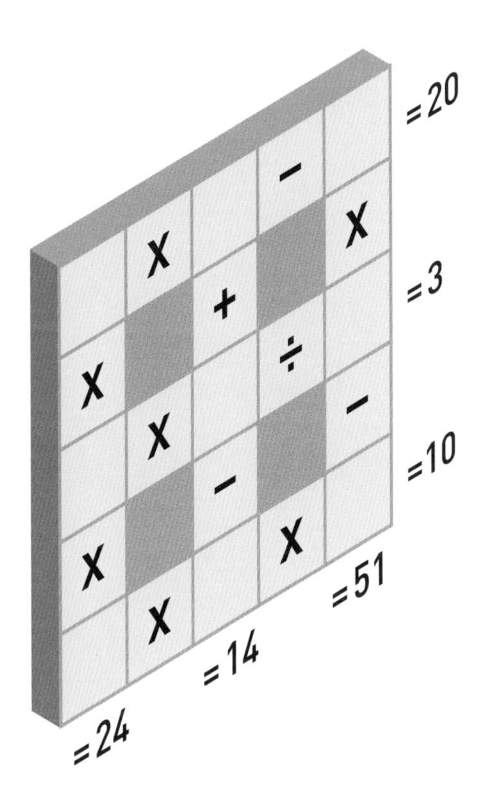

답: 219쪽

아래 숫자들은 어떤 규칙에 따라 적혀 있다. 다음에 올 숫자는 무엇일까?

10 12 9 14 7 18 ?

 답: 219쪽

빈칸 아래 숫자들이 있다. 이 숫자들로 표의 빈칸을 채워야 한다. 표를 어떻게 채워야 할까?

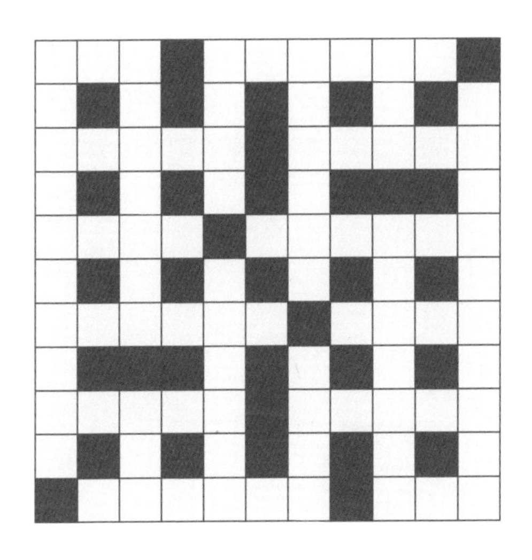

세 자릿수	네 자릿수	다섯 자릿수	여섯 자릿수	일곱 자릿수	열 자릿수
120	1458	36575	123794	5743215	1234987690
155	1654	63042	296587	5751236	2234087699
599	3458	63256	321584		
920	9628	94175	396620		
			603784		
			706894		

답: 219쪽

아래 규칙에 따라 오른쪽 그림을 색칠하는 문제다. 오른쪽 그림을 어떻게 색칠해야 할까?

– 네 가지 색깔이 이동했다.

– 줄무늬 육각형에 색칠되었던 색깔 중 하나는 이동하지 않았다.

– 하늘색과 노란색 육각형은 빨간색 줄무늬 육각형과 닿아 있다.

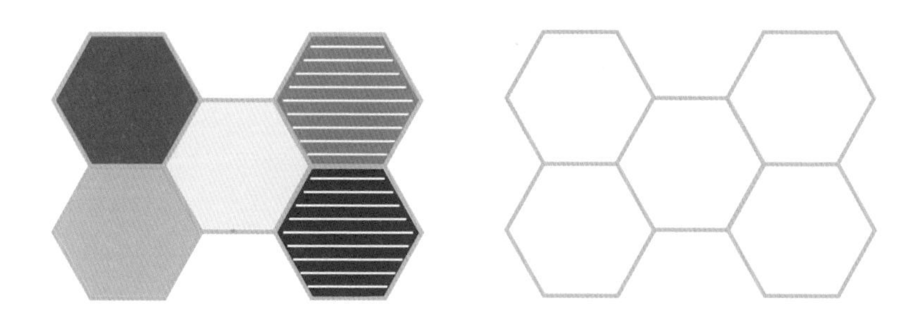

답: 219쪽

아래는 그림 암호 문제다. 각 그림에서 유추할 수 있는 숫자를 찾아 수식에 맞게 계산해야 한다. 또 앞에서부터 숫자 두 개씩 묶어 계산한 다음 값을 구해야 한다. 아래 수식을 계산한 값은 몇일까?

답:220쪽

071

아래 네 개 그림은 하나의 패턴으로 연결되어 있다. 다음에 올 그림은 보기 A~D 중 어떤 것일까?

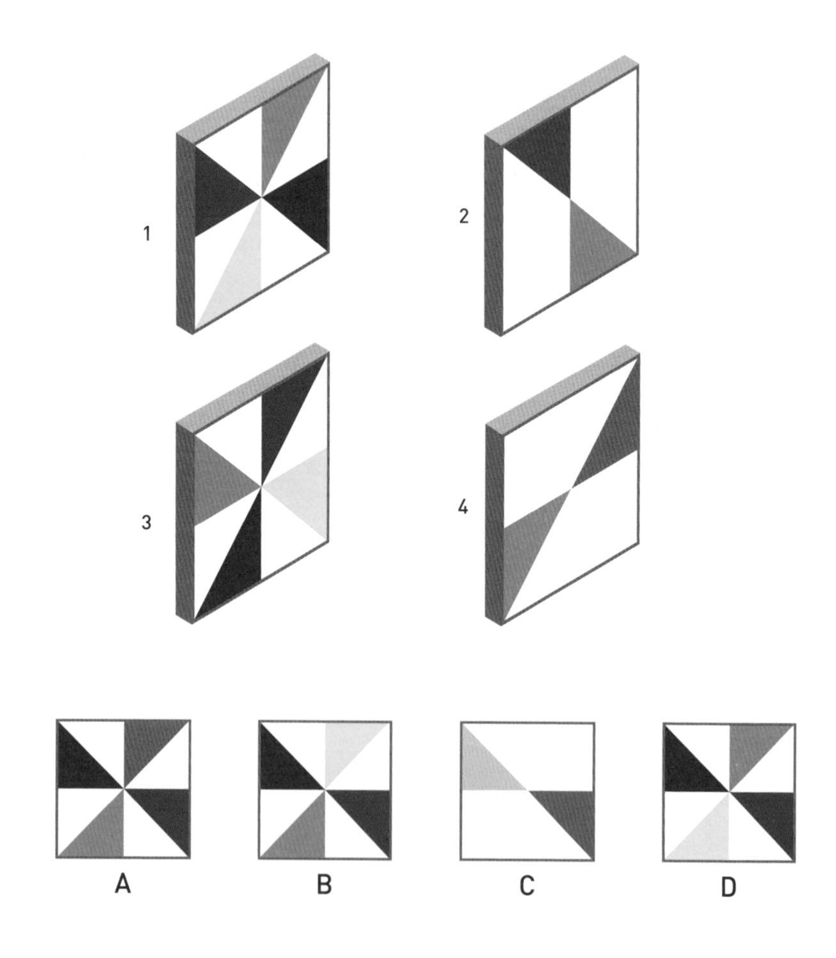

 답:220쪽

072

아래는 가로세로 숫자퍼즐이다. 가로와 세로 열쇳말을 보고 빈칸을 채워 보자. 색칠한 칸의 값은 날짜(일, 월, 년)를 뜻하는데, 영화사에서 의미 있는 날이다. 색칠한 칸에 들어갈 숫자는 무엇일까?

1	2	■	3		4	■	5	6
7		8		■	9	10		
■	11			12				■
13			■		■	14		15
	■	16					■	
17	18		■		■	19	20	
■	21		22		23			■
24				■	25			26
27		■	28			■	29	

가로

1. 1년에 해당하는 주 수
3. 〈세로 12〉의 2.5%
5. 2^4
7. 149×2×3×7
9. 〈세로 2〉+〈세로 26〉
11. 단서 없음
13. 두 개의 소수의 곱
14. 〈세로 13〉+〈세로 15〉+〈세로 24〉
16. 47×303
17. 53×6
19. 〈세로 15〉−〈가로 1〉−〈가로 27〉
21. 〈세로 8〉−〈세로 10〉
24. 9×11×〈세로 24〉
25. 73021÷〈세로 18〉의 처음 두 자릿수
27. 950의 4%
28. 작아지는 연속 수
29. 화씨에서 물의 어는점

세로

1. 1288÷〈세로 24〉
2. 〈가로 24〉−〈가로 1〉
3. 〈세로 24〉×(〈세로 24〉 − 2)
4. 9^3
5. 〈가로 5〉×11^2
6. 〈가로 14〉의 첫 두 자리를 재배열한 수
8. 813121×7
10. 〈세로 13〉×〈세로 24〉의 제곱×〈가로 27〉
12. 6092+6093+6095
13. 〈가로 1〉+〈세로 24〉+〈가로 27〉
15. 2×5×7×9
18. 〈가로 27〉을 재배열한 수×〈가로 5〉
20. 〈가로 3〉×3^2
22. $3^2+4^2+5^2+6^2+7^2+8^2+9^2-1$
23. 〈가로 28〉−〈세로 15〉
24. 〈가로 29〉를 재배열한 수
26. 〈세로 1〉+〈가로 5〉

답: 220쪽

073

12월 27일, 한 버스 정류장에 세 사람이 서 있었다. 공교롭게도 그들은 모두 크리스마스 선물을 반품하러 가는 길이었다. 아래 단서로부터 세 사람의 이름, 각자 반품하려는 선물의 종류, 가격, 환불을 도와준 가게 이름을 추리해보자.

- 베로니카는 드레스를 환불하지 않았다.
- 노트북은 카메라보다 비싼 금액인 299파운드였다.
- 모리스는 199파운드를 환불받았다.
- 드레스를 환불해 받은 129파운드는 페이버리츠 가게에서 받은 돈이 아니었다,
- 허버트 윌슨 가게는 루신다가 환불받은 루이스 존 가게보다 더 많은 돈을 환불해 줬다.

 답:220쪽

074

아래 빈칸에 규칙에 맞게 색깔을 채워야 한다. 들어가야 할 색깔은 빨간색, 주황색, 노란색, 초록색, 파란색, 보라색, 분홍색, 갈색, 검은색 총 아홉 가지다. 색깔을 어떻게 채워야 할까?

– 분홍색 위에 있는 초록색은 갈색의 오른쪽에 있으며, 갈색은 보라색 위에 있다.

– 주황색은 파란색 위에 있으며 파란색은 보라색과 분홍색의 왼쪽에 있다.

– 초록색은 노란색보다 위에 있으며 노란색은 빨간색과 검은색의 오른쪽에 있다.

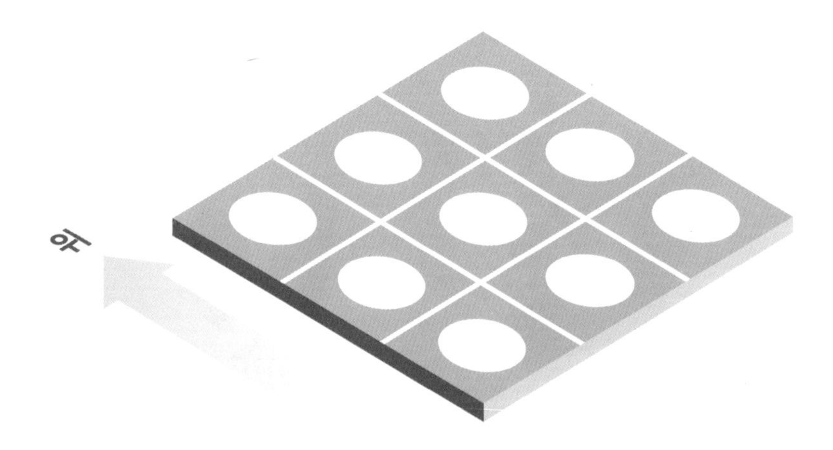

대통령의 남편은 검소하기로 유명하다. 그는 양말 7쌍이 들어 있는 세트 두 개를 가지고 있고, 양말은 각기 다른 색이다. 여름휴가를 위해 양말을 챙기려는 찰나 정전이 되었다. 어둠 속에서 양말을 챙긴다고 할 때 양말 한 짝이라도 맞추려면 서랍에서 양말 몇 개를 꺼내야 할까? 또 두 짝을 맞추려면 몇 개를 더 꺼내야 할까?

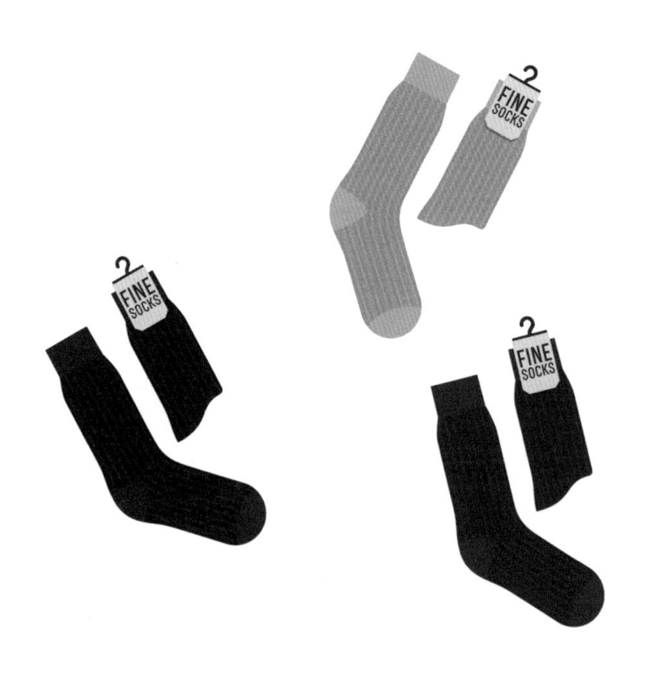

답: 220쪽

076

아래에 수식이 두 개 있다. 각 수식의 빈칸에 아래 숫자 다섯 개를 넣어 완성해야 한다. 물론 두 수식에 들어가는 숫자의 순서는 다르다. 사칙연산은 곱셈과 나눗셈을 먼저 하지 않고 왼쪽부터 오른쪽 방향으로 계산한다. 수식을 완성해보자. 숫자를 어떻게 채워야 할까?

4　5　7　8　15

○ − ○ × ○ + ○ ÷ ○ = 8

○ ÷ ○ × ○ + ○ − ○ = 28

답:220쪽

077

숫자들의 관계를 파악해보자. 빈칸에 들어갈 숫자는 보기 A~E 중 어떤 것일까?

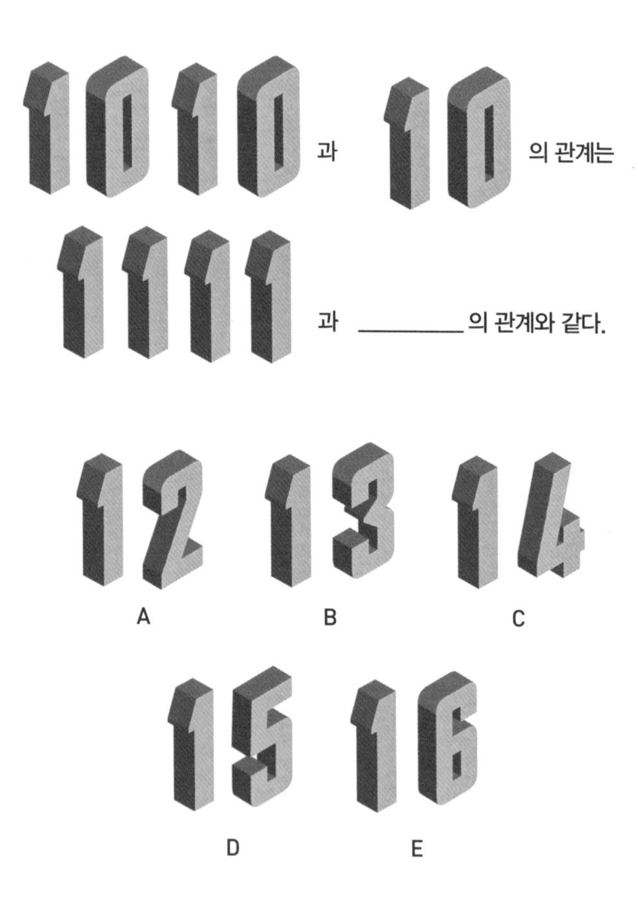

 답:220쪽

078

아래 두 저울이 균형을 이루고 있다. 마지막 저울이 균형을 이루려면 어떤 도형을 더해야 할까?

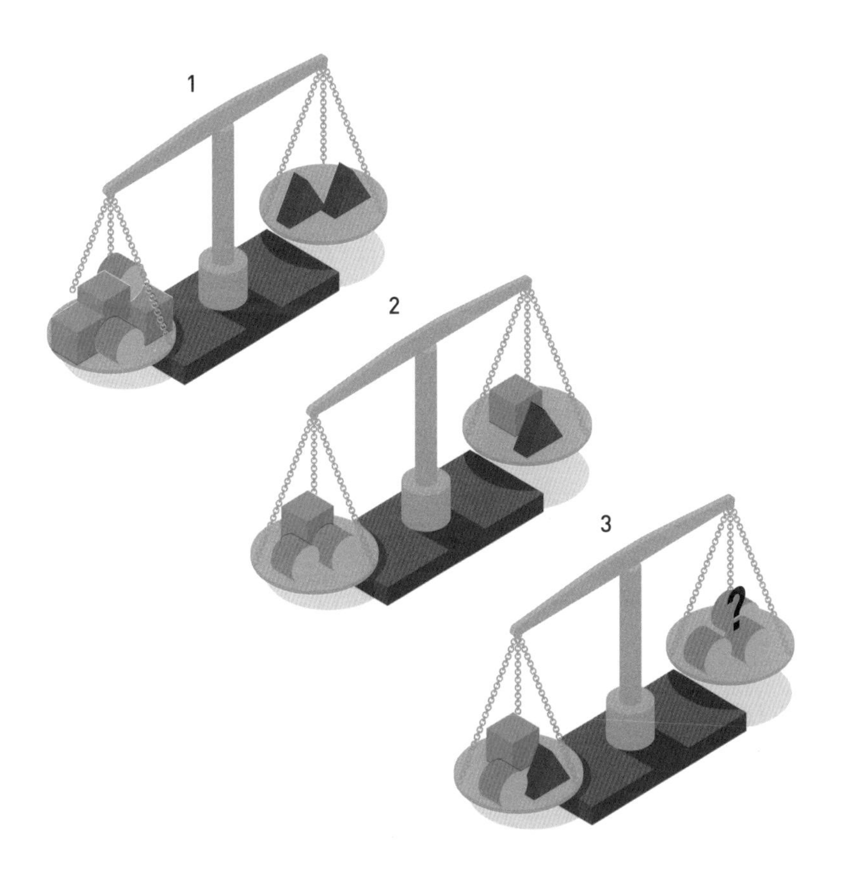

답: 221쪽

079

아래 숫자는 오스카상을 받은 배우의 이름을 뜻한다. 예를 들어 숫자 3은 D, E, F 중 알파벳 하나를 뜻한다. 숫자를 추리해 이름을 맞혀보자. 오스카 수상 배우 다섯 명은 누구일까?

23642463358676

76237862364464

532638527346

24747867492589

528437227336

 답: 221쪽

080

아래 칸의 각 행과 열에 초록색, 파란색, 빨간색 원이 한 번씩 들어가야 한다. 행과 열의 끝에 숫자와 색깔 힌트가 있다. 힌트는 어떤 색깔의 원이 몇 번째에 들어가는지 나타낸다. 이때 각 행과 열에 빈 원이 두 개씩 들어가야 하며 빈칸이므로 순서를 따질 때 고려하지 않는다. 예를 들어 초록색 2는 해당 행 또는 열에 그려진 색깔 원 중에서 초록색 원이 빈칸을 제외하고 두 번째로 나온다는 뜻이다. 규칙에 맞게 칸을 채워보자. 각 칸을 어떻게 색칠해야 할까?

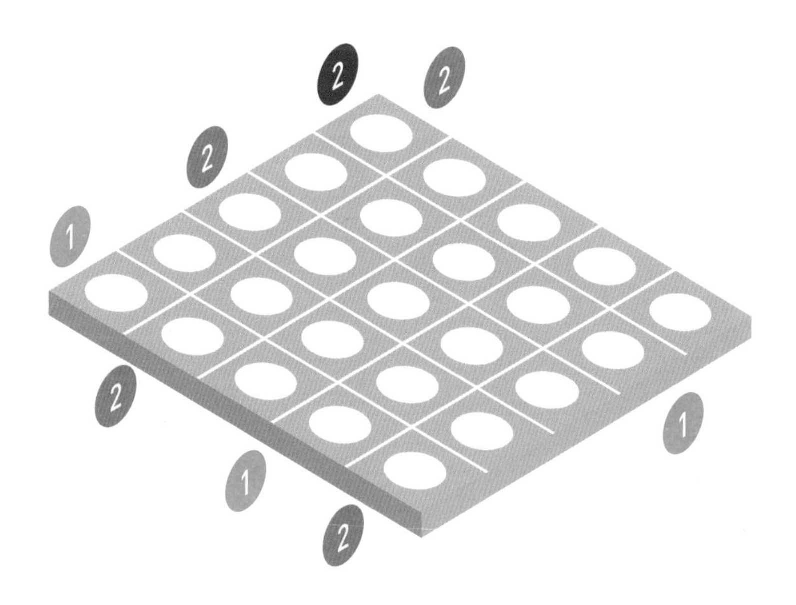

답:221쪽

블록에 적힌 숫자는 바로 아래에 있는 두 블록에 적힌 숫자를 더한 값이다. 빈 블록에 들어갈 숫자는 무엇일까?

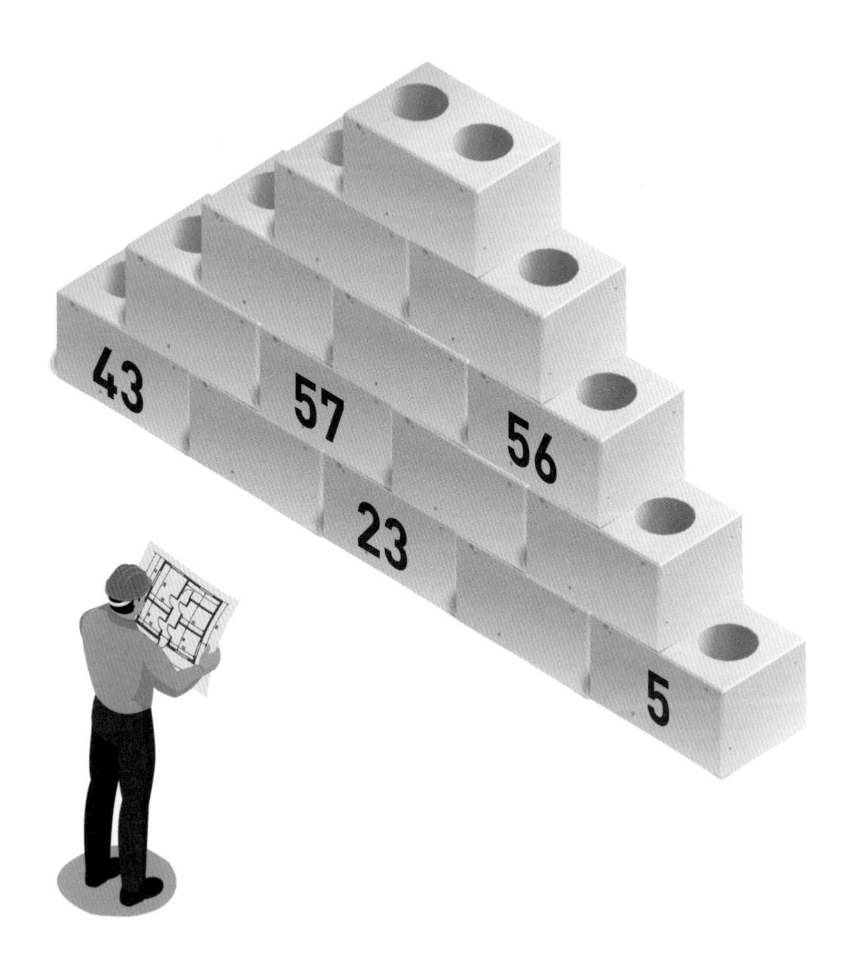

 답:221쪽

082

원에 적힌 숫자들 중 하나는 나머지 원에 적힌 숫자 두 개를 더한 값이다. 이 문제로 숫자를 얼마나 빠르게 분석할 수 있는지 시험할 수 있다. 그 숫자는 무엇일까?

답: 221쪽

083

아래 칸의 각 행과 열에 초록색, 파란색, 빨간색 원이 한 번씩 들어가야 한다. 행과 열의 끝에 숫자와 색깔 힌트가 있다. 힌트는 어떤 색깔의 원이 몇 번째에 들어가는지 나타낸다. 이때 각 행과 열에 빈 원이 두 개씩 들어가야 하며 빈칸이므로 순서를 따질 때 고려하지 않는다. 예를 들어 초록색 1은 해당 행 또는 열에 그려진 색깔 원 중에서 초록색 원이 빈칸을 제외하고 첫 번째로 나온다는 뜻이다. 규칙에 맞게 칸을 채워보자. 각 칸을 어떻게 색칠해야 할까?

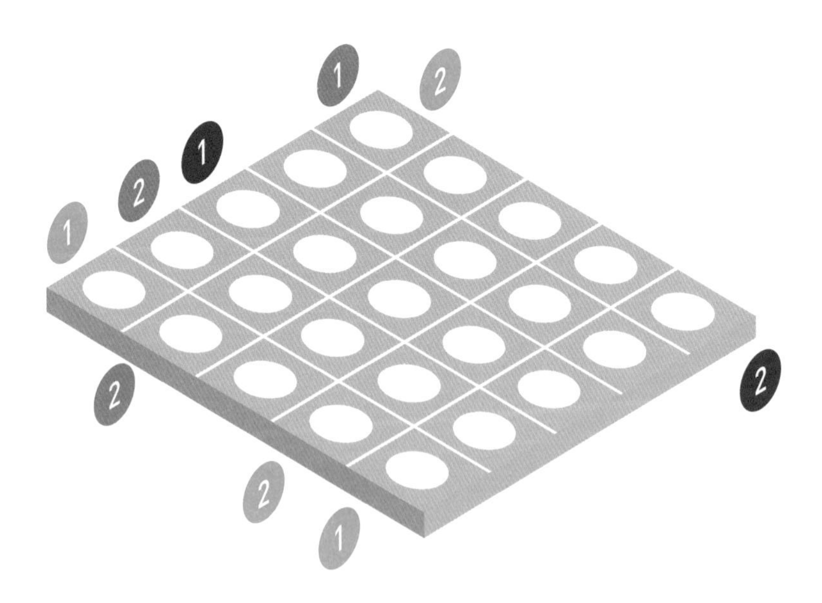

 답: 221쪽

084

아래는 그림 암호 문제다. 각 그림에서 유추할 수 있는 숫자를 찾아 수식에 맞게 계산해야 한다. 또 앞에서부터 숫자 두 개씩 묶어 계산한 다음 값을 구해야 한다. 아래 수식을 계산한 값은 몇일까?

힌트 : 축구

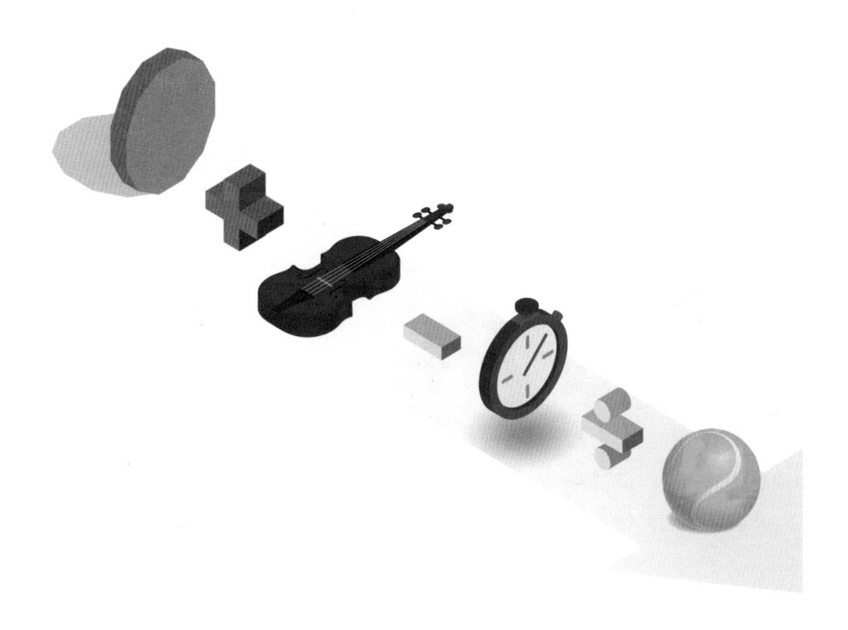

네 인물 중 한 인물만 나머지 인물들과 연관되어 있다. 한 인물은 누구일까?

답:221쪽

아래 빈칸에 1부터 9까지 숫자 아홉 개를 채우는 문제다. 사칙연산은 기존 규칙과 상관없이 왼쪽에서 오른쪽, 위에서 아래로 계산한다. 숫자를 어떻게 채워야 할까?

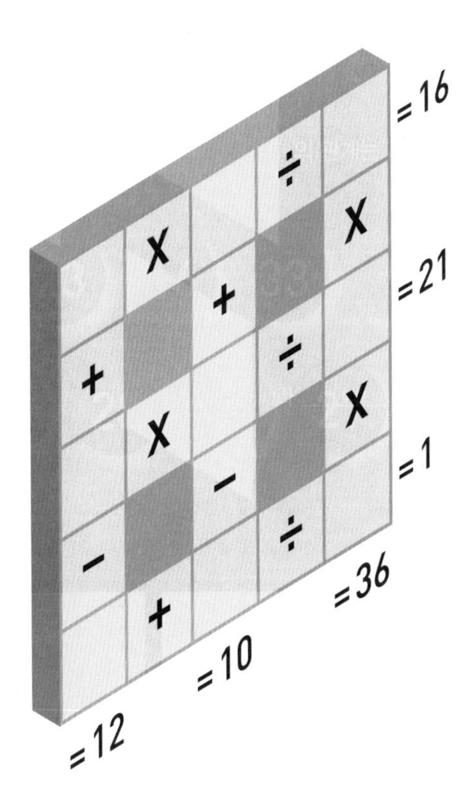

답: 222쪽

087

아래 숫자들은 어떤 규칙에 따라 적혀 있다. 다음에 올 숫자는 무엇일까?

9 21 39 63 93 ?

답 : 222쪽

088

빈칸 아래 숫자들이 있다. 이 숫자들로 표의 빈칸을 채워야 한다. 표를 어떻게 채워야 할까?

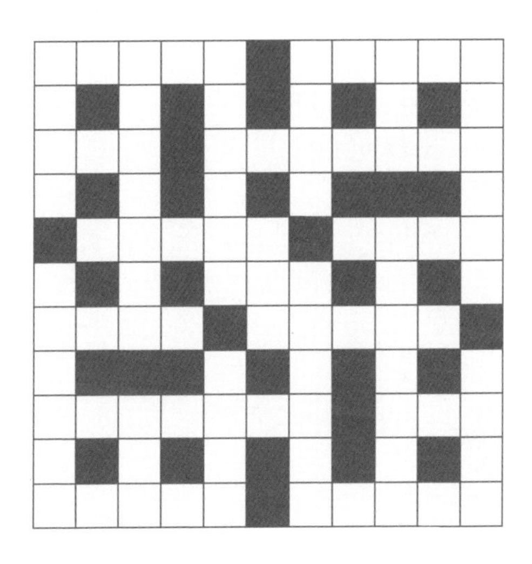

세 자릿수	네 자릿수	다섯 자릿수	여섯 자릿수	일곱 자릿수
208	3149	23189	834052	5340724
276	3710	25832	834956	6283541
278	3745	63189	834959	7183521
426	6725	63488	845032	9243700
437	6752	65632		
591	6945	65698		

답:222쪽

아래 규칙에 따라 오른쪽 그림을 색칠하는 문제다. 오른쪽 그림을 어떻게 색칠해야 할까?

– 노란색은 유일하게 움직이지 않았다.

– 파란색은 보라색과 분홍색 사이에 있다.

– 빨간색은 초록색과 노란색 사이에 있다.

 답: 222쪽

아래 그림의 원은 색에 따라 각각의 값을 가진다. 가로줄과 세로줄 끝에 적힌 숫자는 그 줄에 있는 원들이 나타내는 숫자를 더한 값이다. 분홍색 원이 나타내는 숫자는 무엇일까?

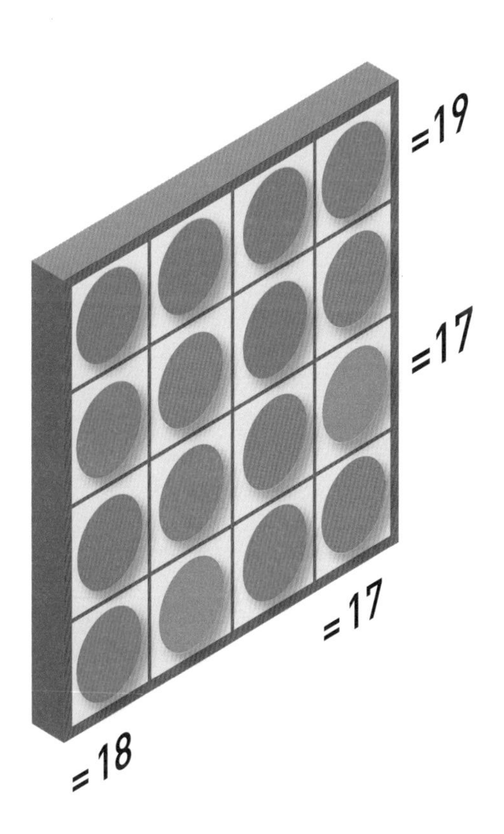

답: 222쪽

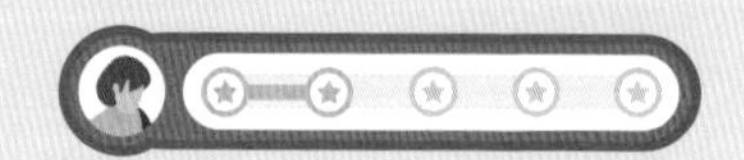

아래 네 개 그림은 하나의 패턴으로 연결되어 있다. 다음에 올 그림은 보기 A~D 중 어떤 것일까?

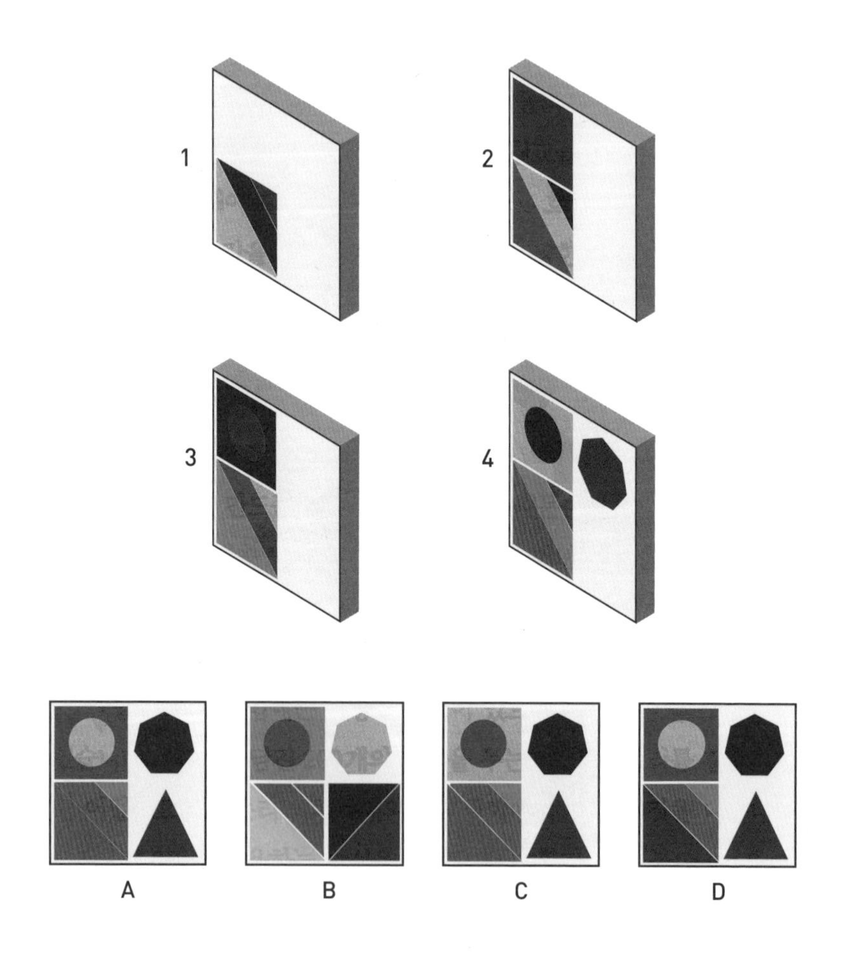

 답:222쪽

092

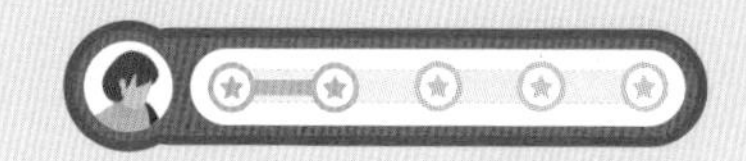

동물을 보호하고 있는 중앙보존회에서 사육사들은 생일을 맞은 동물에게 선물을 주는 행사를 한다. 선물 증정에는 특이한 규칙이 하나 있었다. 다른 동물이 선물을 몇 개 받는지 살펴본 다음 코뿔소 루비는 선물을 몇 개 받을 수 있는지 추리해보자.

– 독수리 에디는 선물 6개를 받았다.

– 해마 수키는 선물을 하나도 받지 못했다.

– 칼라라는 게는 운이 좋아서 선물 30개를 받았다.

– 나비 보비는 선물 18개를 받았다.

아래에 수식이 두 개 있다. 각 수식의 빈칸에 아래 숫자 다섯 개를 넣어 완성해야 한다. 물론 두 수식에 들어가는 숫자의 순서는 다르다. 사칙연산은 곱셈과 나눗셈을 먼저 하지 않고 왼쪽부터 오른쪽 방향으로 계산한다. 수식을 완성해보자. 숫자를 어떻게 채워야 할까?

○ ÷ ○ + ○ − ○ x ○ = 48

○ ÷ ○ + ○ x ○ − ○ = 33

 답: 222쪽

094

세쌍둥이가 영국에서 가장 유명한 TV 퀴즈쇼 '백만 달러를 잡아라!'에 초대되었다. 특이하게 이 세 명은 모두 다른 팀으로 도전했다. 아래 단서로부터 세쌍둥이의 이름, 팀의 이름, 머리 스타일, 통과한 질문 수, 각 팀의 상금 액수를 추리해보자.

- 코라는 질문 15개를 통과했다. 그녀는 그린 팀이 아니다.
- 옐로 팀의 대표는 포니테일 스타일이었다.
- 1만 파운드를 받는 팀은 도라가 아니고 단발머리다.
- 옐로 팀의 노라는 5천 파운드를 받지 않았고, 질문 12개를 통과한 사람도 아니었다.
- 크롭 컷으로 머리를 짧게 깎은 참가자는 질문 7개를 통과한 사람이 아니었고, 퍼플 팀도 아니었다.
- 그린 팀은 옐로 팀의 상금보다 3천이 적은 5천 파운드를 받았다.

답: 222쪽

아래 세 저울이 균형을 이루고 있다. 마지막 저울이 균형을 이루려면 정육면체 몇 개가 필요할까?

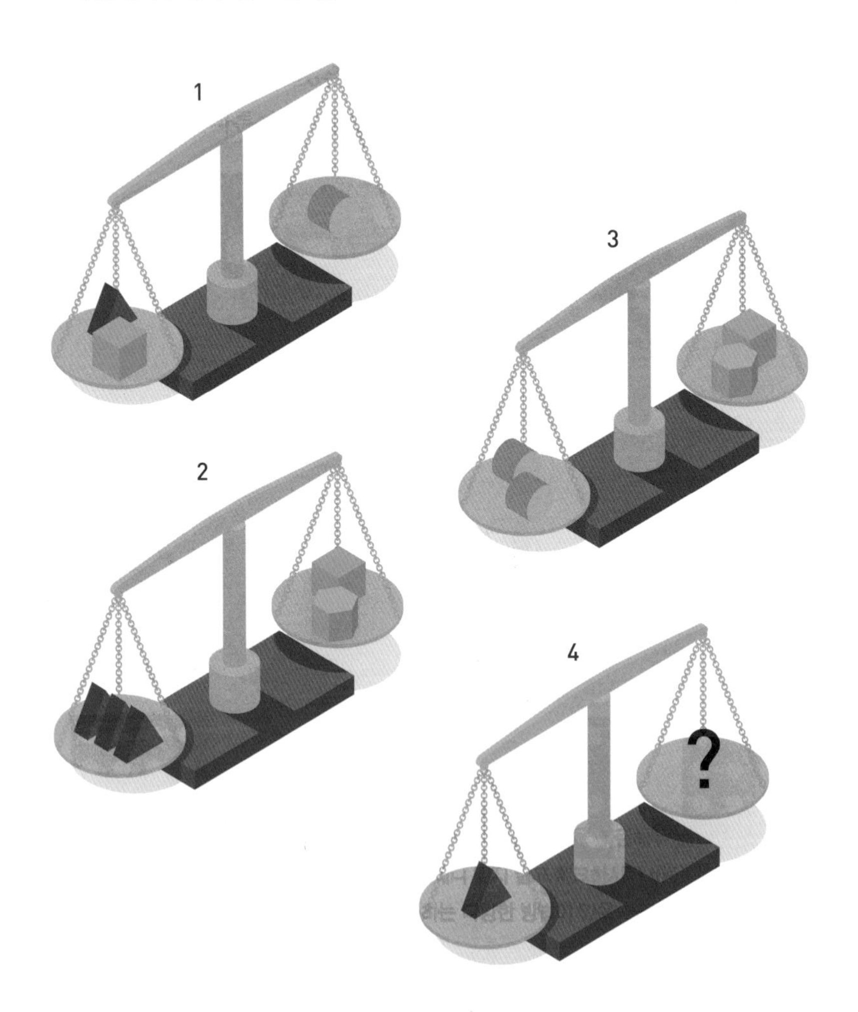

 답:223쪽

아래 숫자는 윔블던 여자 단식 챔피언의 이름을 뜻한다. 예를 들어 숫자 3은 D, E, F 중 알파벳 하나를 뜻한다. 숫자를 추리해 이름을 맞혀보자. 챔피언 여덟 명은 누구일까?

847446429233

2662448262784639

6278462446447

52626686862

62742742727682

26354362873766

6274662278654

아래 표에 숫자와 버튼이 있다. 오른쪽에 있는 초록색과 빨간색 버튼의 개수는 왼쪽 숫자가 정답 숫자 중 몇 개를 포함하고 있는지 나타낸다. 그중 초록색 버튼의 개수는 정답 숫자 중 몇 개가 올바른 위치에 있는지 보여준다. 예를 들어 4178은 정답 숫자 두 개를 포함하고 있지만 그중 숫자 한 개만 올바른 위치에 있다는 뜻이다. 정답 숫자는 무엇일까?

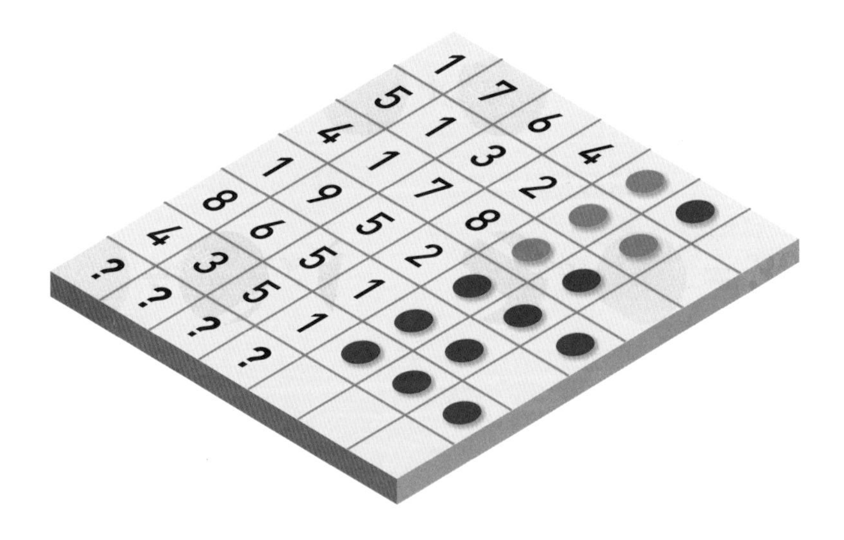

 답:223쪽

098

아래는 가로세로 숫자퍼즐이다. 가로와 세로 열쇳말을 보고 빈칸을 채워 보자. 색칠한 칸의 값은 날짜(일, 월, 년)를 뜻하는데, 자유와 관련해서 의미 있는 날이다. 색칠한 칸에 들어갈 숫자는 무엇일까?

■	1		2	■	3		4	■
5		■	6	7		■	8	9
10		11				12	■	
13			■	14			15	
■	16		17	■	18			■
19				20	■	21		22
	■	23			24			
25	26	■	27			■	28	
■	29			■	30			■

가로

1. 〈가로 6〉−〈세로 22〉
3. 123+234+〈세로 22〉
5. 〈가로 13〉의 처음 두 자릿수
6. 〈가로 3〉−〈세로 20〉
8. 가장 큰 두 자리 소수
10. 〈가로 23〉−〈세로 15〉
13. 21×23
14. 숫자들의 합이 33
16. 〈세로 4〉의 제곱
18. 커지는 연속 수
19. 57×613
21. 〈세로 4〉×29
23. 2121^2
25. 〈세로 19〉의 마지막 두 자릿수를 뒤집은 수
27. 〈세로 26〉×6
28. 3^2+5^2
29. 〈가로 13〉−〈가로 6〉
30. 〈가로 29〉의 첫 번째 숫자를 다섯제곱한 값×〈가로 29〉의 뒤 두 자릿수

세로

1. 단서 없음
2. 〈가로 3〉+〈가로 30〉
3. 2^2×17×619
4. 1862÷〈가로 25〉
5. 125+319
7. 3^6
9. 116700÷150
11. 〈가로 3〉×〈세로 22〉
12. 〈세로 11〉의 순서를 바꾼 수
15. 〈세로 5〉×〈세로 9〉
17. 앞으로 읽으나 뒤에서 읽으나 똑같은 수
19. 〈세로 9〉의 반
20. 31+37+41+43+47
22. 7^2+8^2+1
24. 〈세로 19〉+434
26. 〈가로 3〉−〈세로 19〉

답: 223쪽

도형들의 관계를 파악해보자. 빈칸에 들어갈 도형은 보기 A~E 중 어떤 것일까?

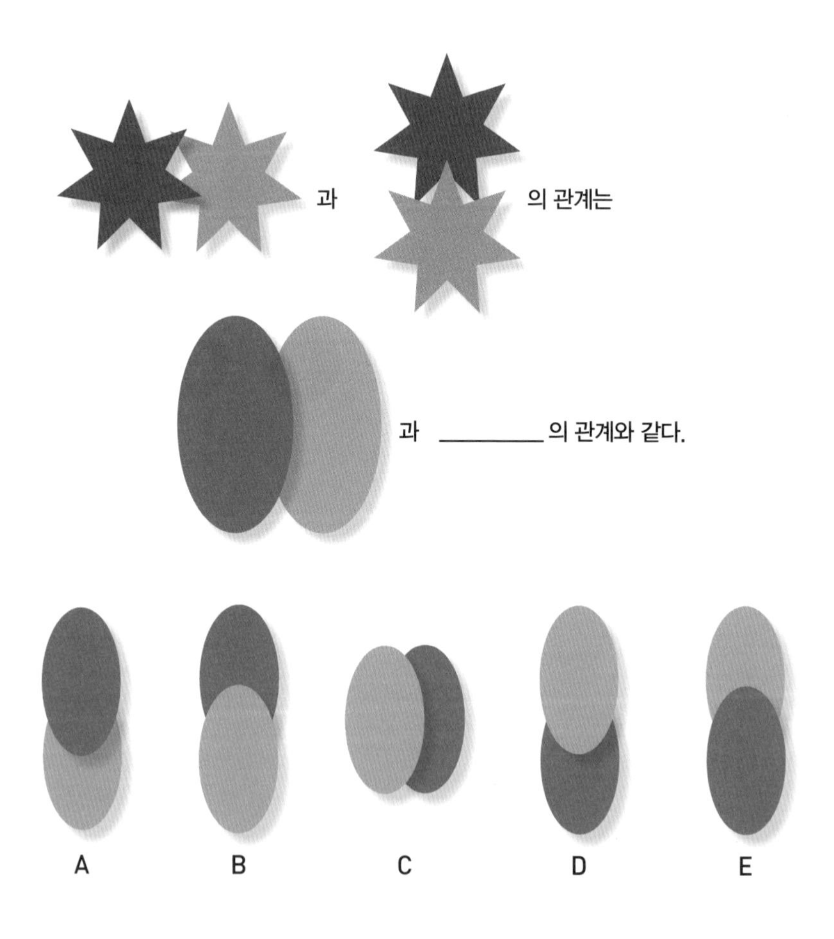

 답: 223쪽

100

아래 빈칸에 규칙에 맞게 색깔을 채워야 한다. 들어가야 할 색깔은 빨간색, 주황색, 노란색, 초록색, 파란색, 보라색, 분홍색, 갈색, 검은색 총 아홉 가지다. 색깔을 어떻게 채워야 할까?

– 갈색의 왼쪽에 있는 노란색은 초록색 위에 있다.

– 주황색은 검은색과 빨간색의 왼쪽에 있으며 보라색의 위에 있다.

– 보라색은 분홍색 위에 있으며, 갈색과 검은색은 파란색 위에 있다.

– 초록색은 빨간색보다 아래에 있으며 분홍색의 오른쪽에 있다.

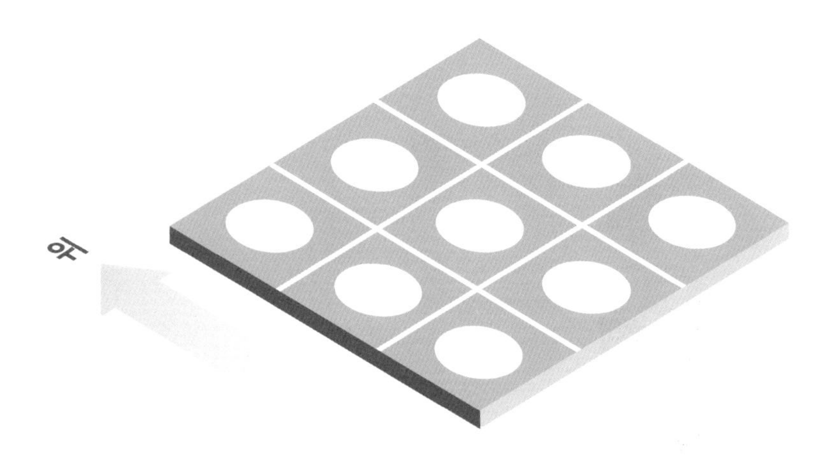

블록에 적힌 숫자는 바로 아래에 있는 두 블록에 적힌 숫자를 더한 값이다. 빈 블록에 들어갈 숫자는 무엇일까?

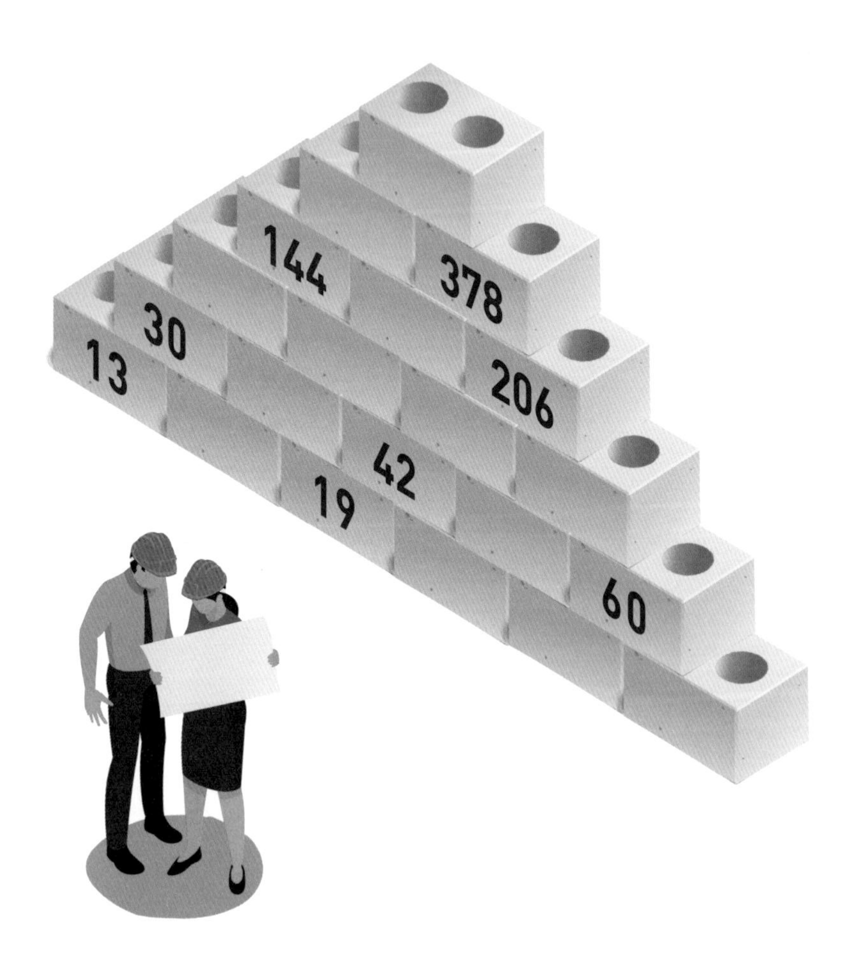

 답:223쪽

102

원에 적힌 숫자들 중 하나는 나머지 원에 적힌 숫자 두 개를 더한 값이다. 이 문제로 숫자를 얼마나 빠르게 분석할 수 있는지 시험할 수 있다. 그 숫자는 무엇일까?

답 : 223쪽

103

아래 표에 숫자와 버튼이 있다. 오른쪽에 있는 초록색과 빨간색 버튼의 개수는 왼쪽 숫자가 정답 숫자 중 몇 개를 포함하고 있는지 나타낸다. 그중 초록색 버튼의 개수는 정답 숫자 중 몇 개가 올바른 위치에 있는지 보여준다. 예를 들어 7152는 정답 숫자 두 개를 포함하고 있지만 그중 숫자 한 개만 올바른 위치에 있다는 뜻이다. 정답 숫자는 무엇일까?

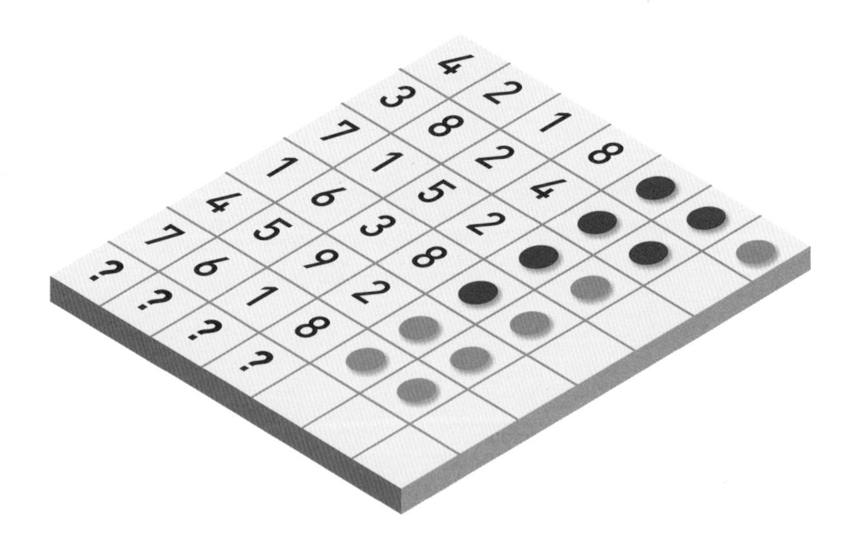

답: 224쪽

아래 그림의 원은 색에 따라 각각의 값을 가진다. 가로줄과 세로줄 끝에 적힌 숫자는 그 줄에 있는 원들이 나타내는 숫자를 더한 값이다. 각 원이 나타내는 숫자는 무엇일까?

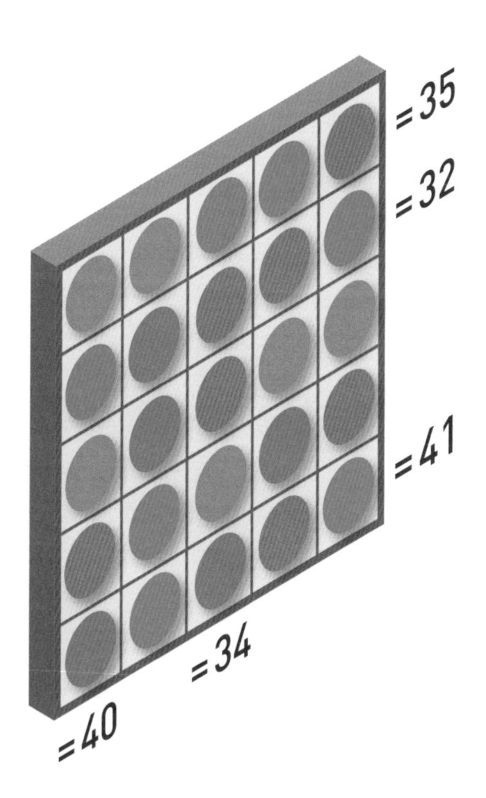

답: 224쪽

105

아래 두 저울이 균형을 이루고 있다. 마지막 저울이 균형을 이루려면 삼각기둥 몇 개가 필요할까?

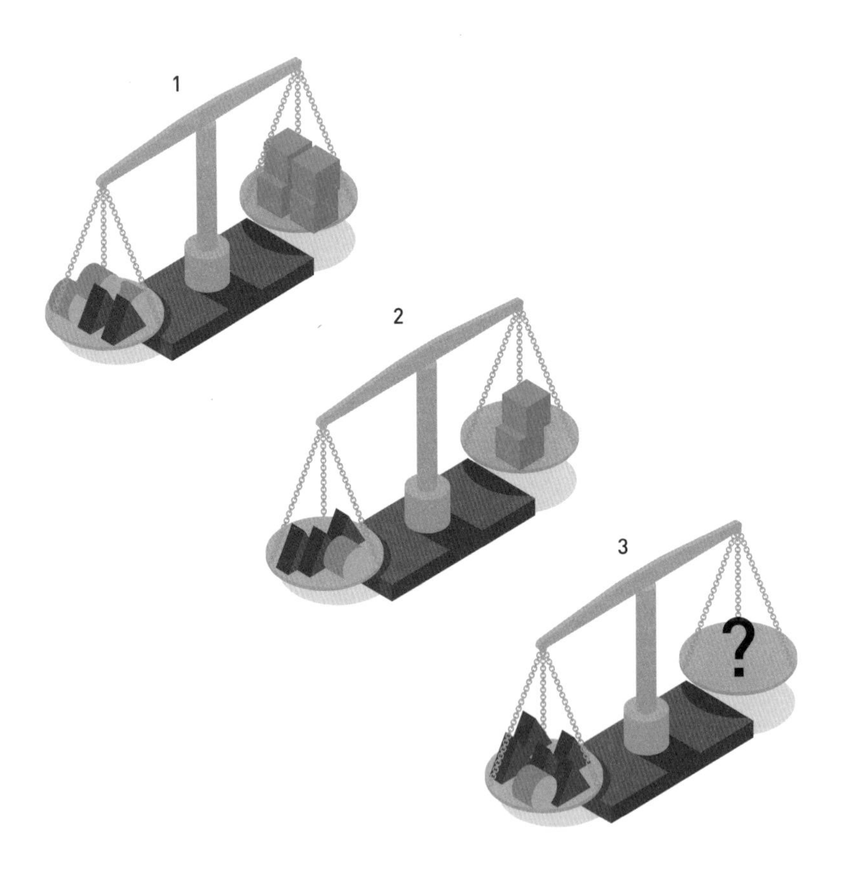

 답: 224쪽

106

아래 숫자는 남성 가수의 이름을 뜻한다. 예를 들어 숫자 3은 D, E, F 중 알파벳 하나를 뜻한다. 숫자를 추리해 이름을 맞혀보자. 남성 가수 일곱 명은 누구일까?

78464

774623

2666

364636

37253

7325

63285623

107

아래 칸의 각 행과 열에 초록색, 파란색, 빨간색 원이 한 번씩 들어가야 한다. 행과 열의 끝에 숫자와 색깔 힌트가 있다. 힌트는 어떤 색깔의 원이 몇 번째에 들어가는지 나타낸다. 이때 각 행과 열에 빈 원이 두 개씩 들어가야 하며 빈칸이므로 순서를 따질 때 고려하지 않는다. 예를 들어 초록색 1은 해당 행 또는 열에 그려진 색깔 원 중에서 초록색 원이 빈칸을 제외하고 첫 번째로 나온다는 뜻이다. 규칙에 맞게 칸을 채워보자. 각 칸을 어떻게 색칠해야 할까?

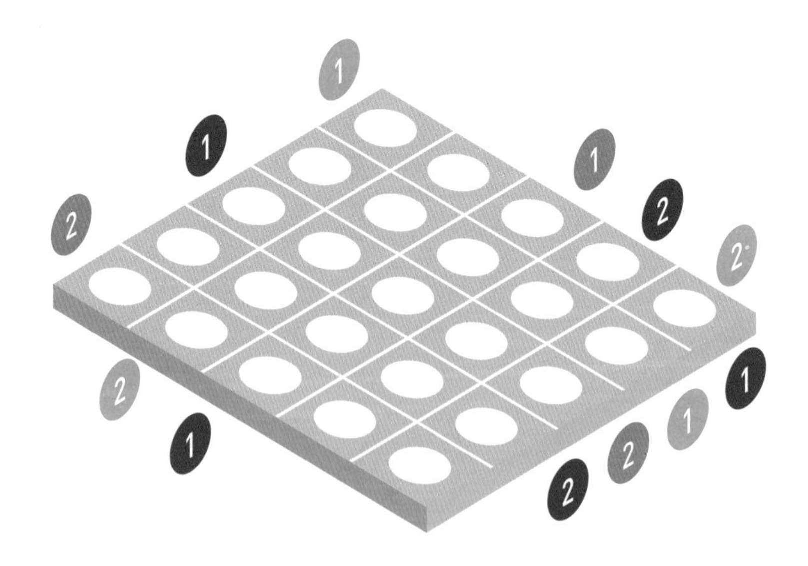

 답: 224쪽

108

네 가지 스포츠 중 한 가지 스포츠만 나머지 스포츠와 연관되어 있다. 한 가지 스포츠는 어느 것일까?

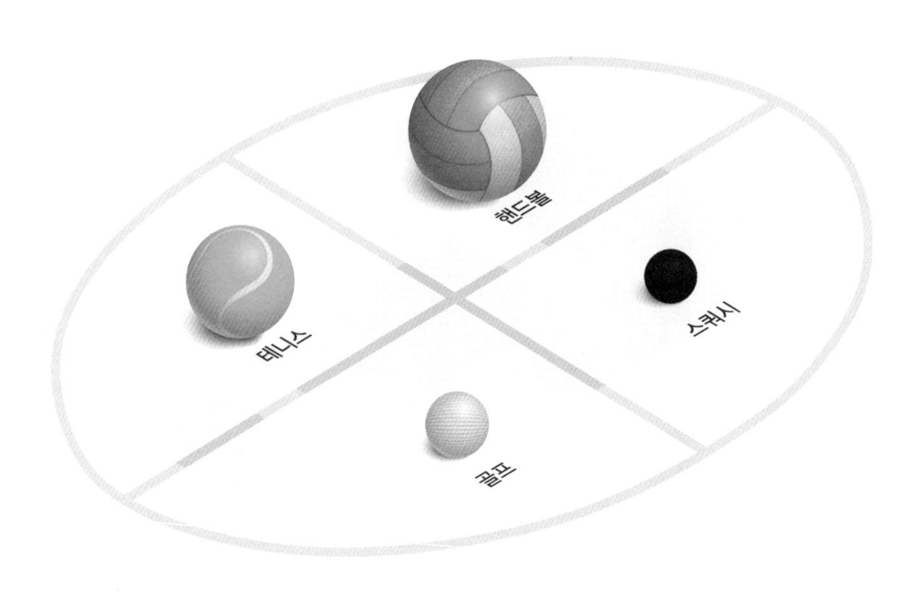

답: 224쪽

아래 빈칸에 1부터 9까지 숫자 아홉 개를 채우는 문제다. 사칙연산은 기존 규칙과 상관없이 왼쪽에서 오른쪽, 위에서 아래로 계산한다. 숫자를 어떻게 채워야 할까?

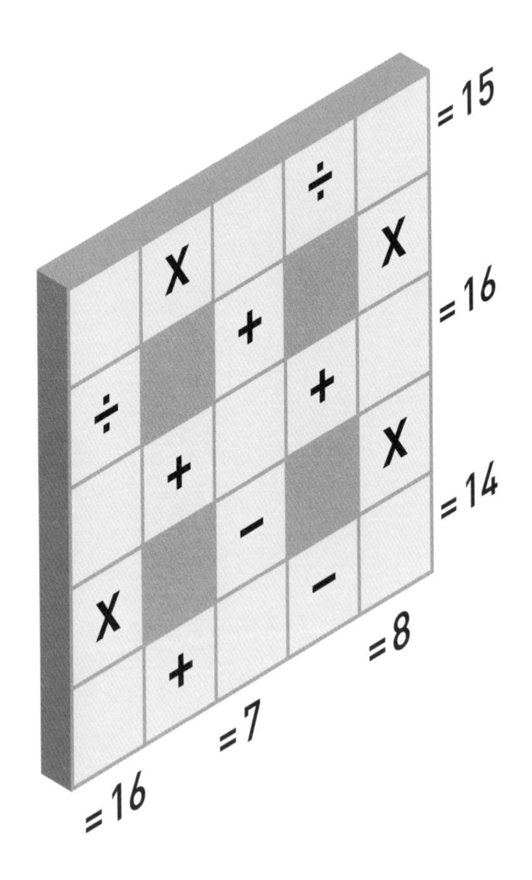

110

아래 숫자들은 어떤 규칙에 따라 적혀 있다. 다음에 올 숫자는 무엇일까?

3　13　1113　3113　132113　?

답:224쪽

빈칸 아래 숫자들이 있다. 이 숫자들로 표의 빈칸을 채워야 한다. 표를 어떻게 채워야 할까?

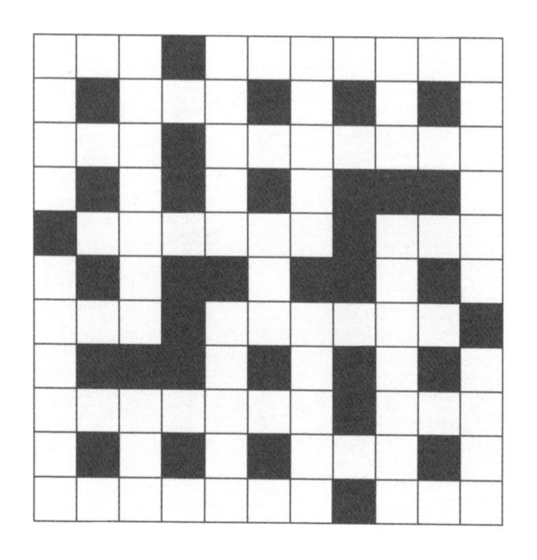

세 자릿수		네 자릿수	다섯 자릿수	여섯 자릿수	일곱 자릿수
280	667	2035	31038	349668	5012834
285	731	2036	62038	379608	5109483
291	745		91524	423615	5702415
345	821		91546	473625	6704213
390	834				6789045
601					9264814

 답: 225쪽

112

아래 규칙에 따라 오른쪽 그림을 색칠하는 문제다. 오른쪽 그림을 어떻게 색칠해야 할까?

– 모든 색깔이 이동했다.
– 가장 위에 있는 색깔은 주황색이다.
– 빨간색은 초록색과 남색 바로 위에 있다.
– 초록색은 여전히 보라색 공과 닿지 않는다.
– 보라색은 두 색깔과 닿아 있다.

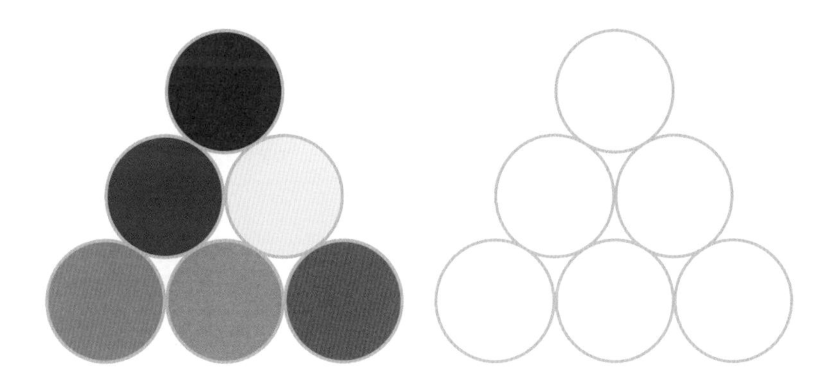

답: 225쪽

113

아래는 그림 암호 문제다. 각 그림에서 유추할 수 있는 숫자를 찾아 수식에 맞게 계산해야 한다. 또 앞에서부터 숫자 두 개씩 묶어 계산한 다음 값을 구해야 한다. 아래 수식을 계산한 값은 몇일까?

힌트 : 리머릭, 헤라클레스

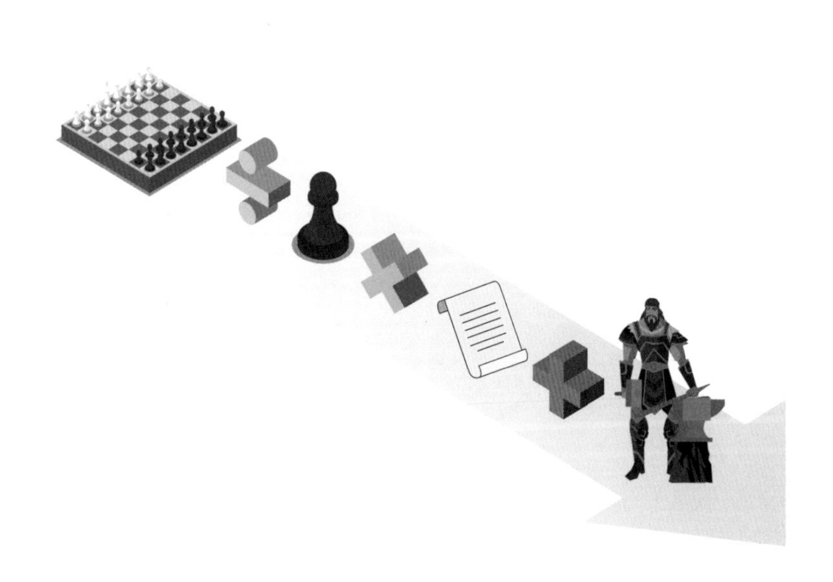

답:225쪽

아래 방법을 따라 점선대로 접고 실선대로 자른 다음 종이를 펼쳐보자.
무늬는 보기 A~D 중 어떤 것일까?

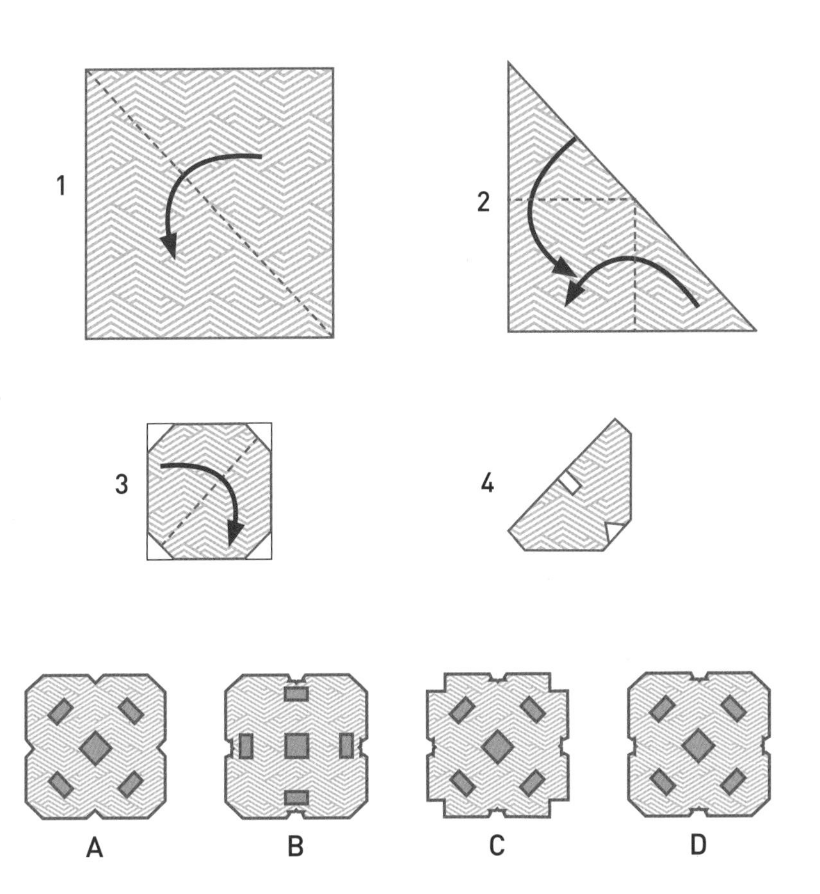

답: 225쪽

115

아래는 가로세로 숫자퍼즐이다. 가로와 세로 열쇳말을 보고 빈칸을 채워 보자. 색칠한 칸의 값은 날짜(일, 월, 년)를 뜻하는데, 정치사에서 의미 있는 날이다. 색칠한 칸에 들어갈 숫자는 무엇일까?

1	2		3	■	4		5	6
7		■	8			■	9	
10				■	11	12		
13		■	■	14			■	
■	15	16	17				18	■
19	■	20			■	■	21	22
23	24			■	25			
26		■	27			■	28	
29				■	30			

가로

1. 11111 －3457
4. 11×(9^2＋10^2)
7. 〈가로 9〉를 재배열한 수＋〈가로 28〉
8. (11×11)＋(11×5)
9. 〈가로 28〉－〈가로 21〉
10. 12×139
11. 로마 숫자 MMMMDCCLXXIX
13. 〈세로 6〉의 마지막 두 자릿수
14. 27×28
15. 단서 없음
20. 커지는 짝수 중 연속 수
21. 841의 제곱근
23. 4345－2387
25. 〈가로 21〉×97
26. 〈가로 10〉의 가운데 두 숫자
27. 20^2－10^2
28. 〈가로 20〉÷9
29. 〈가로 25〉＋〈세로 6〉
30. 530＋631＋720＋811

세로

1. 〈세로 22〉－1503
2. 〈세로 17〉－〈세로 18〉
3. 196＋222
4. 2743×6
5. 〈세로 16〉－(〈세로 3〉의 마지막 두 자릿수)
6. 11×127
12. 〈세로 16〉－〈가로 8〉
14. 〈세로 3〉＋〈가로 27〉
16. 3^3×5×7
17. 〈가로 29〉×〈가로 9〉
18. (2243×7)＋〈세로 4〉
19. 20820의 5분의 1
22. 〈가로 1〉＋〈가로 10〉
24. 〈가로 30〉의 처음 세 자리를 재배열한 수
25. 앞으로 읽으나 뒤에서 읽으나 똑같은 수

 답:225쪽

116

친구 네 명이 함께 코스튬을 입고 마라톤에 참가했다. 아래 단서로부터 친구 네 명의 이름, 코스튬 종류, 러닝 클럽, 달린 시간을 추리해보자.

- 댄은 요정 복장을 입었다.
- 해적 의상을 입은 사람은 3시간 55분 만에 경기를 마쳤다.
- 애로우즈 클럽 출신이 아닌 애니는 3시간 42분 기록을 가진 은행 지점장 코스튬을 입은 사람보다 더 오래 걸렸다.
- 팔콘 클럽의 주자는 테디베어 의상을 입었다.
- 마지막으로 들어온 사람의 기록은 4시간 17분이다.
- 치타 클럽은 바켈이 속한 클럽에 이어 2위를 차지했다.
- 재규어 클럽인 칼리가 달린 시간은 3시간 30분이 아니다.

답: 225쪽

아래 빈칸에 규칙에 맞게 색깔을 채워야 한다. 들어가야 할 색깔은 빨간색, 주황색, 노란색, 초록색, 파란색, 보라색, 분홍색, 갈색, 검은색 총 아홉 가지다. 색깔을 어떻게 채워야 할까?

– 파란색 위에 있는 분홍색은 노란색의 왼쪽에 있다.

– 빨간색과 주황색 위에 있는 보라색은 갈색의 오른쪽에 있다.

– 검은색은 갈색의 오른쪽에 있고, 초록색보다 위에 있다.

– 초록색은 주황색의 오른쪽에 있다.

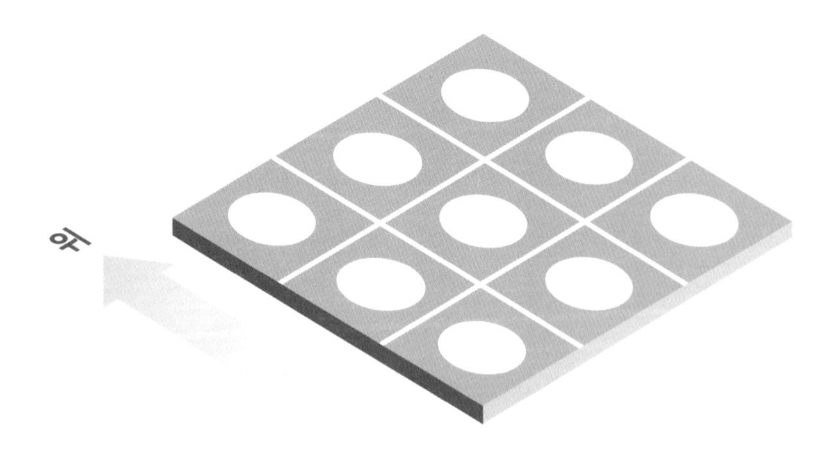

 답:225쪽

118

한 기자가 18세 이하 국제수학대회 우승자를 인터뷰했다. 우승자 수나야는 그의 무례함에 질린 나머지, 기자의 질문에 이렇게 답을 했다. 아래 대화를 통해 수나야가 몇 살인지 추리해보자. 수나야는 몇 살일까?

기자 : "수나야 씨가 18세 이하 대회에 나와서 놀랐어요! 20살 아닌가요? 하하, 정말 18세가 맞나요? 몇 살인가요?"

수나야 : "제 나이를 제곱한 값에 2와 3분의 2를 곱하면 384가 될 거예요. 계산해보세요."

답 : 226쪽

119

아래에 수식이 두 개 있다. 각 수식의 빈칸에 아래 숫자 다섯 개를 넣어 완성해야 한다. 물론 두 수식에 들어가는 숫자의 순서는 다르다. 사칙연산은 곱셈과 나눗셈을 먼저 하지 않고 왼쪽부터 오른쪽 방향으로 계산한다. 수식을 완성해보자. 숫자를 어떻게 채워야 할까?

4　8　9　36　38

○ − ○ × ○ + ○ ÷ ○ = 2

○ ÷ ○ × ○ − ○ + ○ = 43

 답: 226쪽

도형들의 관계를 파악해보자. 빈칸에 들어갈 도형은 보기 A~E 중 어떤 것일까?

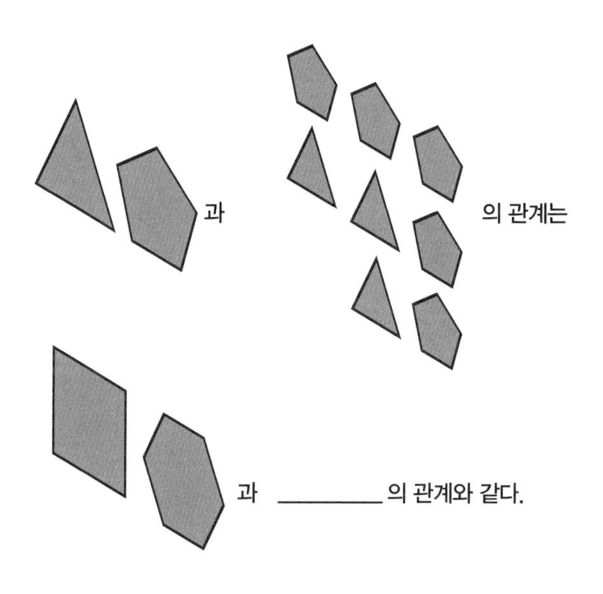

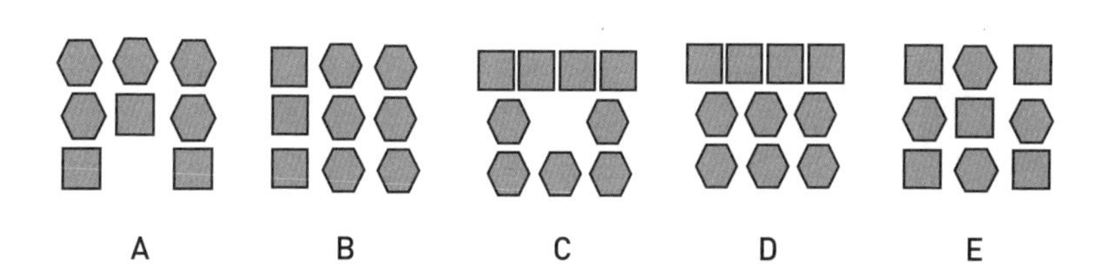

답: 226쪽

블록에 적힌 숫자는 바로 아래에 있는 두 블록에 적힌 숫자를 더한 값이다. 빈 블록에 들어갈 숫자는 무엇일까?

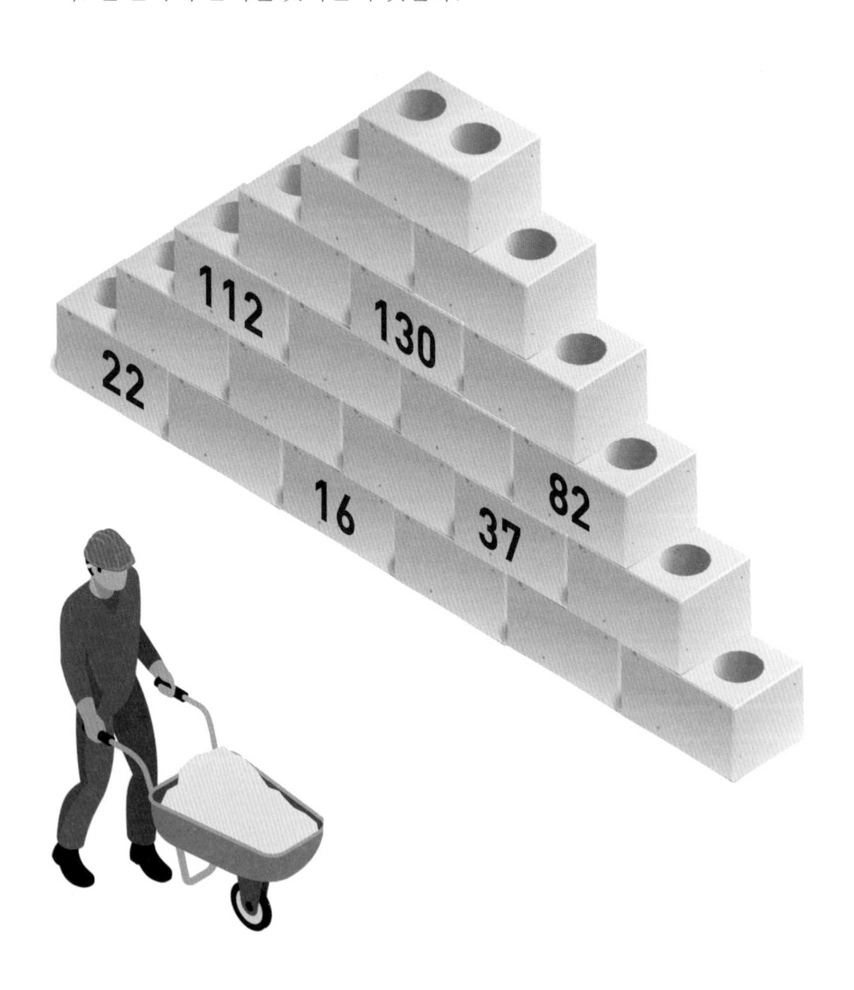

 답: 226쪽

122

원에 적힌 숫자들 중 하나는 나머지 원에 적힌 숫자 두 개를 더한 값이다. 이 문제로 숫자를 얼마나 빠르게 분석할 수 있는지 시험할 수 있다. 그 숫자는 무엇일까?

답: 226쪽

123

아래 칸의 각 행과 열에 초록색, 파란색, 빨간색, 주황색 원이 한 번씩 들어가야 한다. 행과 열의 끝에 숫자와 색깔 힌트가 있다. 힌트는 어떤 색깔의 원이 몇 번째에 들어가는지 나타낸다. 이때 각 행과 열에 빈 원이 두 개씩 들어가야 하며 빈칸이므로 순서를 따질 때 고려하지 않는다. 예를 들어 초록색 1은 해당 행 또는 열에 그려진 색깔 원 중에서 초록색 원이 빈칸을 제외하고 첫 번째로 나온다는 뜻이다. 규칙에 맞게 칸을 채워 보자. 각 칸을 어떻게 색칠해야 할까?

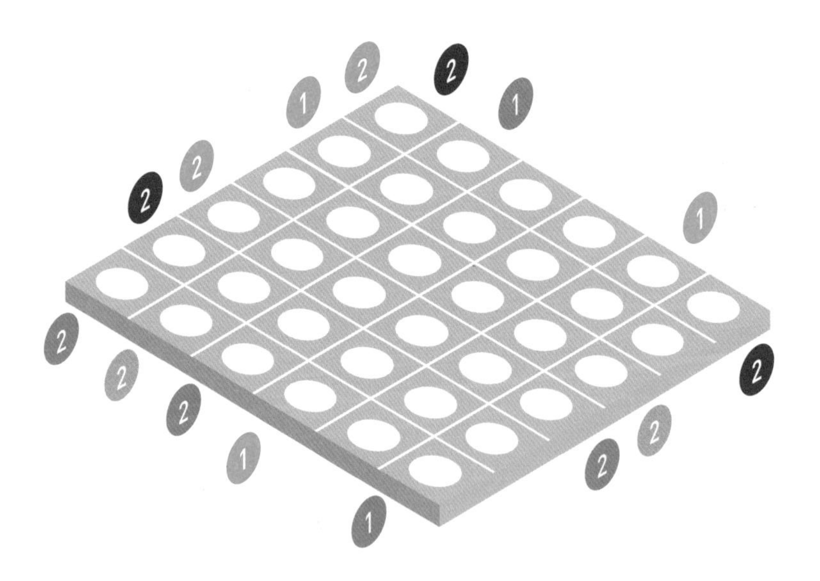

 답:226쪽

124

아래는 그림 암호 문제다. 각 그림에서 유추할 수 있는 숫자를 찾아 수식에 맞게 계산해야 한다. 또 앞에서부터 숫자 두 개씩 묶어 계산한 다음 값을 구해야 한다. 아래 수식을 계산한 값은 몇일까?

답:226쪽

네 가지 탈것 중 한 가지 탈것만 나머지 탈것과 연관되어 있다. 한 가지 탈것은 어느 것일까?

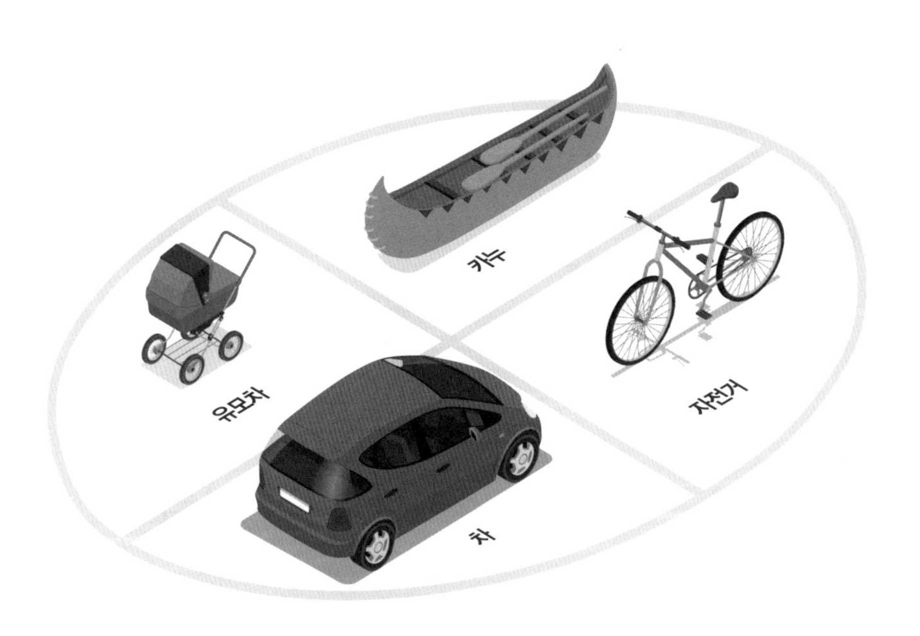

 답: 226쪽

126

아래 빈칸에 1부터 9까지 숫자 아홉 개를 채우는 문제다. 사칙연산은 기존 규칙과 상관없이 왼쪽에서 오른쪽, 위에서 아래로 계산한다. 숫자를 어떻게 채워야 할까?

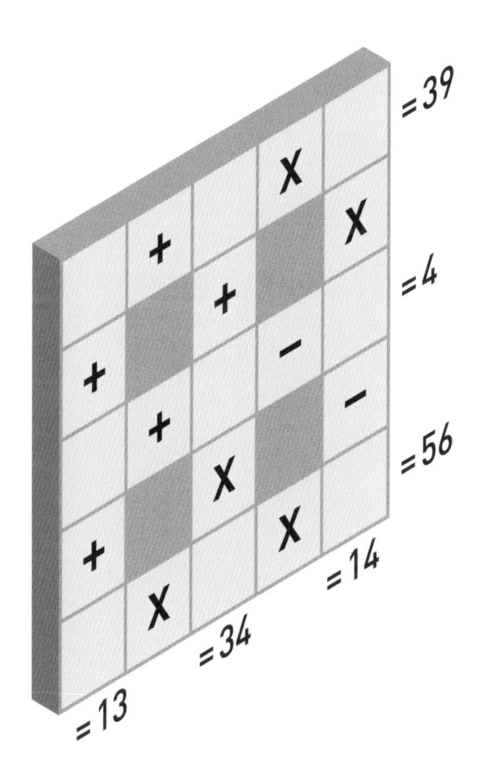

답: 227쪽

빈칸 아래 숫자들이 있다. 이 숫자들로 표의 빈칸을 채워야 한다. 표를 어떻게 채워야 할까?

세 자릿수
129
325
348
369
555
579
738

네 자릿수
2237
2716
5030
5239
6030
6432
6519
6830
9979

다섯 자릿수
32412
32385
33415
49352
49955

여섯 자릿수
102393
421352
421398
762458

일곱 자릿수
3422917
4530914

여덟 자릿수
29481350
49281530

아홉 자릿수
279419304
289620313

 답: 227쪽

128

아래 규칙에 따라 오른쪽 그림을 색칠하는 문제다. 오른쪽 그림을 어떻게 색칠해야 할까?

- 테두리에 있던 색깔은 여전히 테두리에 있다.
- 테두리 색깔 중 한 색깔을 제외하고 모두 이동했다.
- 안쪽 색깔은 모두 이동했다.
- 초록색은 노란색과 주황색의 맞은편인 그림의 아래쪽에 있다.
- 그림의 위쪽에 있는 분홍색은 보라색 맞은편에 있으며 보라색은 빨간색과 닿아 있다.

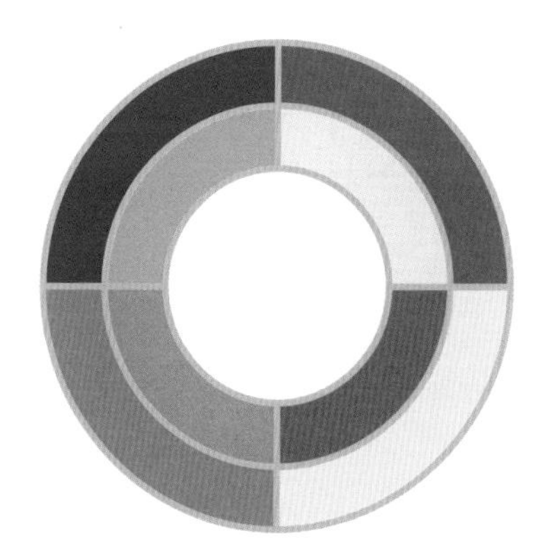

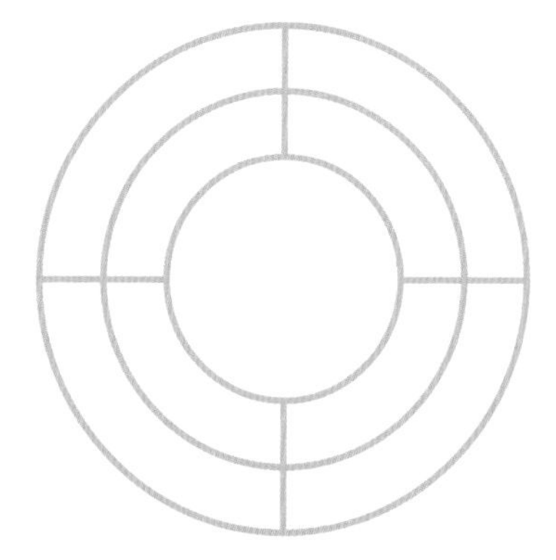

답: 227쪽

아래 그림의 원은 색에 따라 각각의 값을 가진다. 가로줄과 세로줄 끝에 적힌 숫자는 그 줄에 있는 원들이 나타내는 숫자를 더한 값이다. 각 원이 나타내는 숫자는 무엇일까?

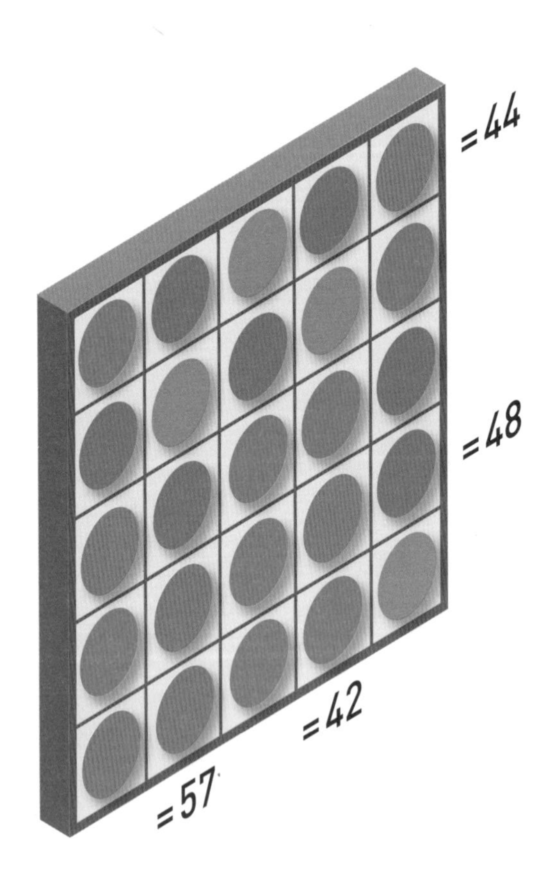

 답: 227쪽

130

아래 네 개 그림은 하나의 패턴으로 연결되어 있다. 다음에 올 그림은 보기 A~D 중 어떤 것일까?

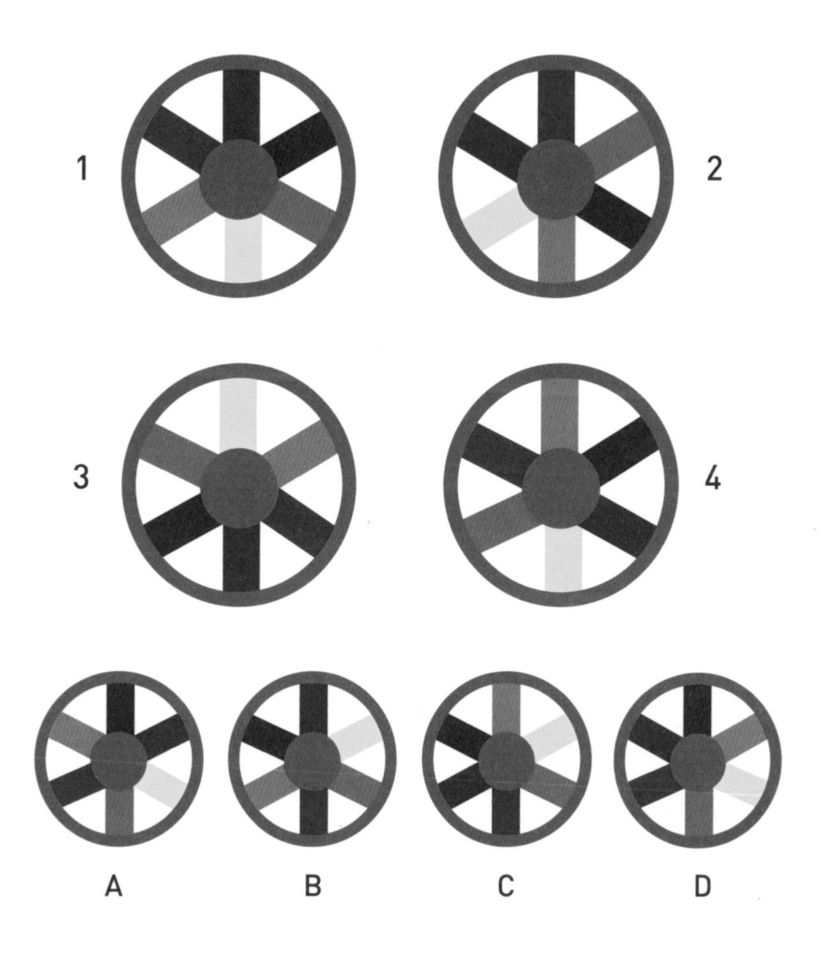

131

아래 숫자들은 어떤 규칙에 따라 적혀 있다. 다음에 올 숫자는 무엇일까?

21 22 44 47 188 193 1158 ?

답: 227쪽

132

TV에 나와 유명세를 얻은 요리사들이 각각 새로운 요리책을 출간하려고 한다. 아래 단서로부터 요리사들의 이름, 그들의 요리 스타일, 책 표지의 색깔을 추리해보자.

- 니타의 프랑스 요리책은 검은색 표지가 아니었고 태국 요리책도 검은색 표지가 아니었다.
- 이탈리아 요리책은 안나가 아닌 슈미트 성을 가진 사람이 썼다.
- 프레드 루소의 책은 빨간색 표지가 아니었다.
- 맥도날드가 아닌 다른 성을 가진 댄은 파란색 표지를 택했다.
- 맥도날드라는 성을 가진 사람은 노란색 표지를 택했다.
- 안나의 성은 파텔이 아니며 파텔은 채식 요리책을 제작하지 않았다.

답: 227쪽

133

아래에 수식이 두 개 있다. 각 수식의 빈칸에 아래 숫자 다섯 개를 넣어 완성해야 한다. 물론 두 수식에 들어가는 숫자의 순서는 다르다. 사칙연산은 곱셈과 나눗셈을 먼저 하지 않고 왼쪽부터 오른쪽 방향으로 계산한다. 수식을 완성해보자. 숫자를 어떻게 채워야 할까?

3 6 8 12 24

○ − ○ ÷ ○ x ○ + ○ = 80

○ ÷ ○ x ○ + ○ − ○ = 50

답: 227쪽

134

페어리 랜드에서는 귀가 뾰족하고 사람의 모습을 한 도깨비 픽시 종족인 팻시가 여왕의 문서를 훔치려다가 붙잡혔다. 팻시는 판사이고 배심원이자 사형 집행관인 티타니아 여왕 앞에 끌려갔다. 여왕은 팻시에게 처벌을 내린 다음 팻시에게 마지막 진술을 하라고 했다. 만약 그 진술이 사실이라면 팻시는 반시니아로 추방될 것이고, 거짓이라면 엘프리카로 유배될 것이라 했다. 하지만 팻시가 답하자 그녀는 추방되거나 유배되지 않았다. 그녀는 뭐라고 했던 것일까?

답:227쪽

135

아래 세 저울이 균형을 이루고 있다. 마지막 저울이 균형을 이루려면 삼각기둥 몇 개가 필요할까?

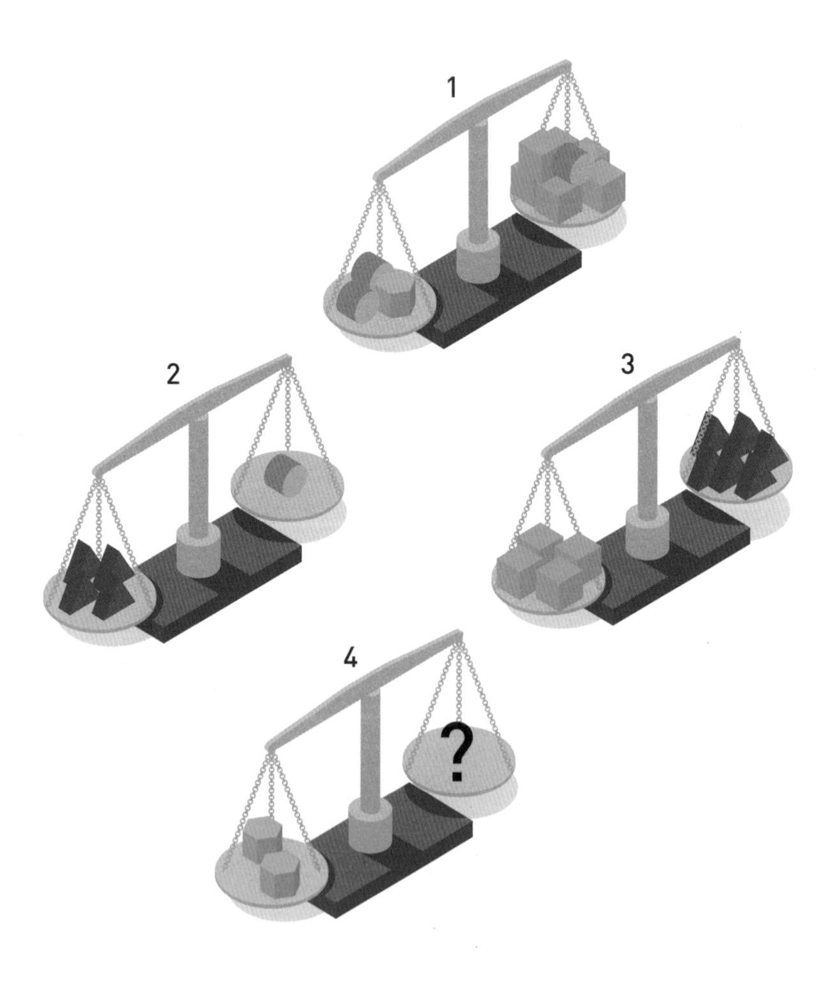

 답: 227쪽

아래 숫자는 오스카상을 받은 여배우의 이름을 뜻한다. 이들은 원어민은 아니지만 영어 사용자다. 예를 들어 숫자 3은 D, E, F 중 알파벳 하나를 뜻한다. 숫자를 추리해 이름을 맞혀보자. 여배우 다섯 명은 누구일까?

7 3 6 3 5 6 7 3 2 7 8 9

7 6 7 4 4 2 5 6 7 3 6

5 8 5 4 3 8 8 3 2 4 6 6 2 4 3

4 6 4 7 4 3 2 3 7 4 6 2 6

6 2 7 4 6 6 2 6 8 4 5 5 2 7 3

답: 228쪽

137

아래 표에 숫자와 버튼이 있다. 오른쪽에 있는 초록색과 빨간색 버튼의 개수는 왼쪽 숫자가 정답 숫자 중 몇 개를 포함하고 있는지 나타낸다. 그 중 초록색 버튼의 개수는 정답 숫자 중 몇 개가 올바른 위치에 있는지 보여준다. 예를 들어 2735는 정답 숫자 두 개를 포함하고 있지만 그중 숫자 한 개만 올바른 위치에 있다는 뜻이다. 정답 숫자는 무엇일까?

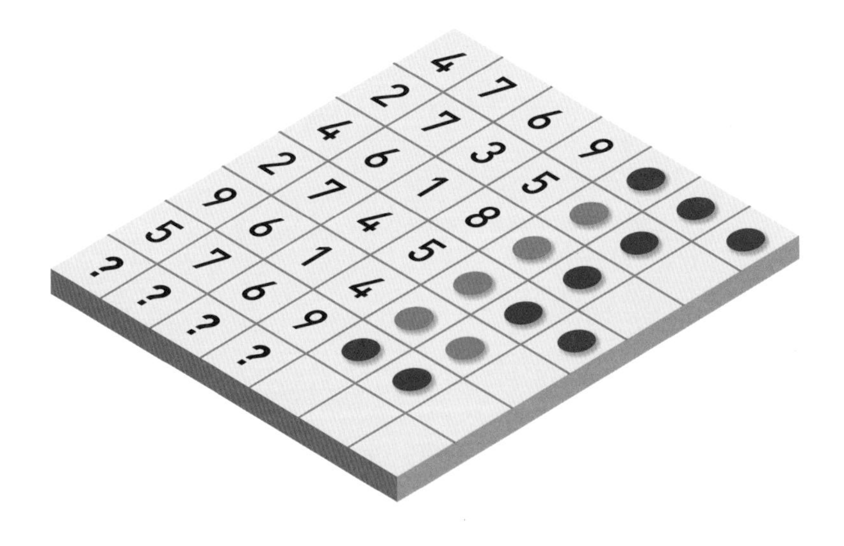

138

아래는 가로세로 숫자퍼즐이다. 가로와 세로 열쇳말을 보고 빈칸을 채워 보자. 색칠한 칸의 값은 날짜(일, 월, 년)를 뜻하는데, 스포츠 역사에서 의미 있는 날이다. 색칠한 칸에 들어갈 숫자는 무엇일까?

1	2	3		4		5	6	
7			8			9		10
		11			12			
13	14		15				16	
	17	18			19			
20				21			22	23
		24				25		
26	27			28			29	
	30					31		

가로

1. 〈가로 22〉×〈세로 27〉
4. 415+426+436
7. 204^2+〈가로 9〉
9. 〈세로 27〉×7
11. 〈세로 8〉−〈세로 12〉
13. 5^2+6^2
15. 〈가로 4〉×52×11
17. 커지는 연속 수
19. 117×(〈세로 8〉의 첫 숫자)
20. 단서 없음
22. 한 자리 소수들의 합
24. 83×151
26. 〈세로 23〉의 마지막 두 자리 ×4
28. 107×109
30. 907×11
31. 133+233+241

세로

1. 〈가로 26〉×57
2. 961의 제곱근
3. 〈세로 16〉−〈세로 29〉
4. 3921 − 1938
5. 90909 − 17761
6. 〈가로 26〉÷2
8. 666×777
10. 〈가로 17〉을 재배열한 수
12. 〈가로 1〉×〈가로 31〉
14. 〈세로 2〉×4
16. 10101 − 9650
18. 〈세로 5〉−〈가로 7〉
20. 〈세로 4〉의 3분의 1
21. 3169+3172+3176
23. 61×117
25. 〈세로 20〉의 첫 번째 숫자×(〈세로 20〉의 마지막 두 자릿수)
27. 7^2
29. 1분은 몇 초?

답: 228쪽

도형들의 관계를 파악해보자. 빈칸에 들어갈 도형은 보기 A~E 중 어떤 것일까?

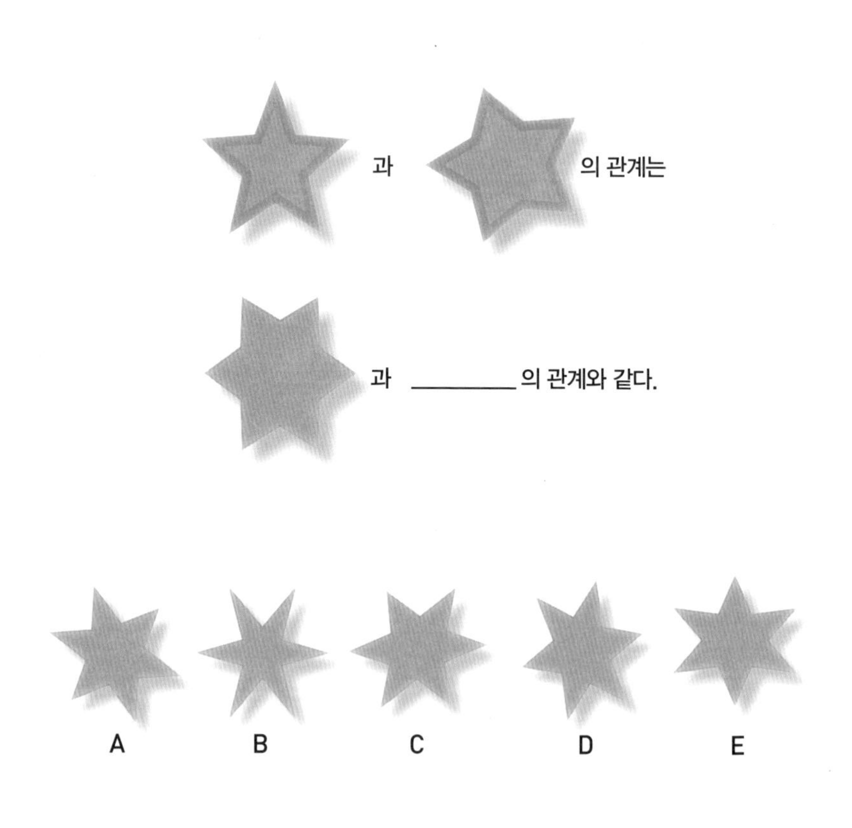

답: 228쪽

140

아래 빈칸에 규칙에 맞게 색깔을 채워야 한다. 들어가야 할 색깔은 빨간색, 주황색, 노란색, 초록색, 파란색, 보라색, 분홍색, 갈색, 검은색 총 아홉 가지다. 색깔을 어떻게 채워야 할까?

- 노란색과 갈색 위에 있는 파란색은 분홍색의 왼쪽에 있고, 갈색은 초록색의 왼쪽에 있다.
- 검은색은 초록색과 빨간색 위에 있으며, 빨간색은 주황색의 오른쪽에 있다.
- 분홍색은 보라색 위에 있는데, 보라색은 초록색의 왼쪽에 있으며 주황색 위에 있다.

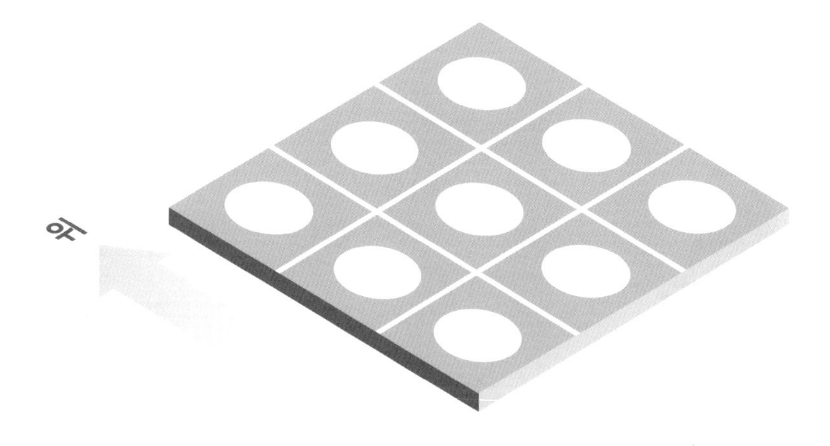

답:228쪽

블록에 적힌 숫자는 바로 아래에 있는 두 블록에 적힌 숫자를 더한 값이다. 빈 블록에 들어갈 숫자는 무엇일까?

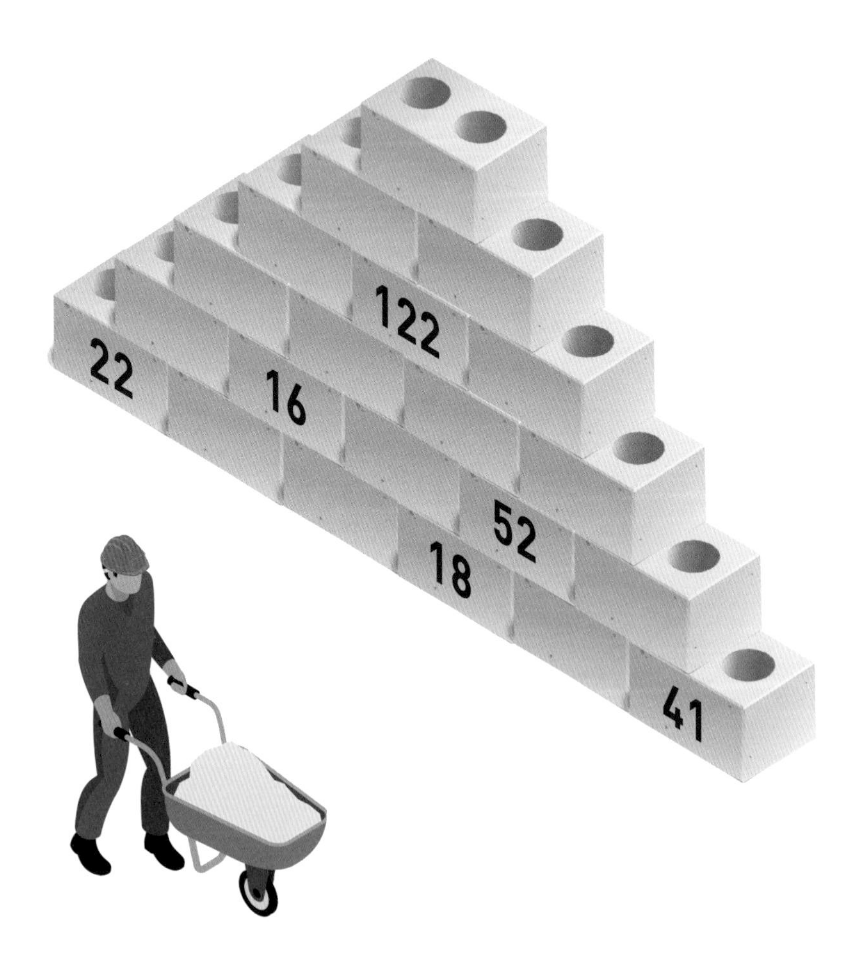

 답:228쪽

142

원에 적힌 숫자들 중 하나는 나머지 원에 적힌 숫자 두 개를 더한 값이다. 이 문제로 숫자를 얼마나 빠르게 분석할 수 있는지 시험할 수 있다. 그 숫자는 무엇일까?

답:228쪽

143

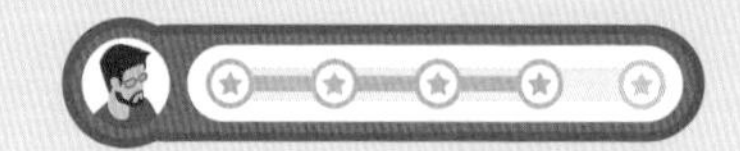

아래 칸의 각 행과 열에 초록색, 파란색, 빨간색, 주황색 원이 한 번씩 들어가야 한다. 행과 열의 끝에 숫자와 색깔 힌트가 있다. 힌트는 어떤 색깔의 원이 몇 번째에 들어가는지 나타낸다. 이때 각 행과 열에 빈 원이 두 개씩 들어가야 하며 빈칸이므로 순서를 따질 때 고려하지 않는다. 예를 들어 초록색 1은 해당 행 또는 열에 그려진 색깔 원 중에서 초록색 원이 빈칸을 제외하고 첫 번째로 나온다는 뜻이다. 규칙에 맞게 칸을 채워 보자. 각 칸을 어떻게 색칠해야 할까?

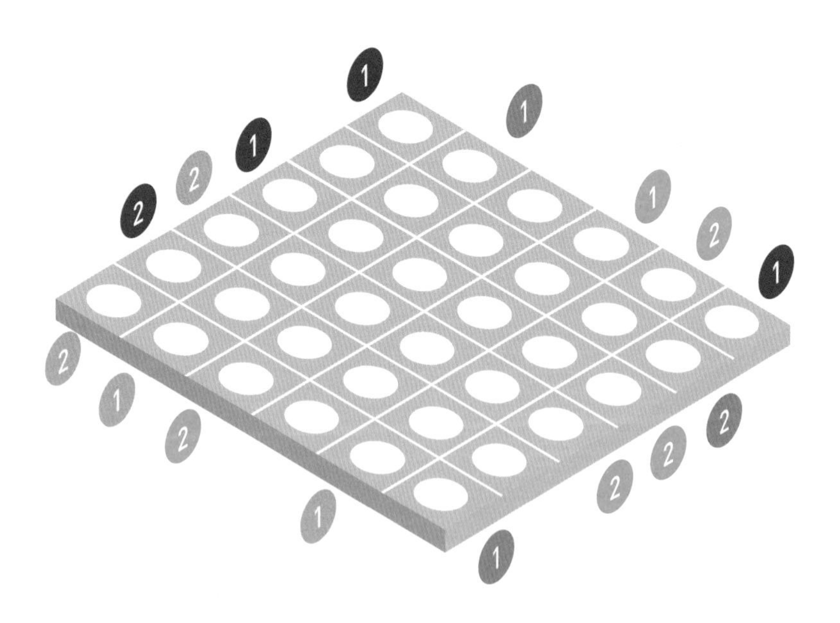

 답: 228쪽

144

아래는 그림 암호 문제다. 각 그림에서 유추할 수 있는 숫자를 찾아 수식에 맞게 계산해야 한다. 또 앞에서부터 숫자 두 개씩 묶어 계산한 다음 값을 구해야 한다. 아래 수식을 계산한 값은 몇일까?

답: 229쪽

아래 세 저울이 균형을 이루고 있다. 마지막 저울이 균형을 이루려면 육각기둥 몇 개가 필요할까?

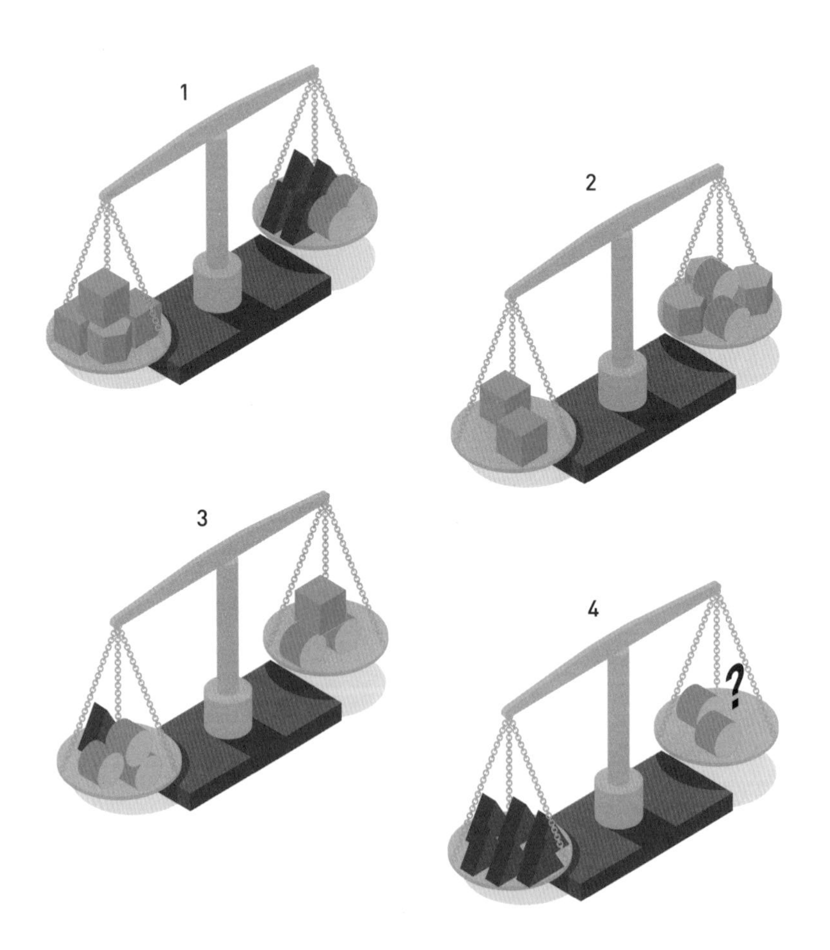

 답: 229쪽

146

아래 숫자는 셰익스피어 작품에 나오는 남성 인물의 이름을 뜻한다. 예를 들어 숫자 3은 D, E, F 중 알파벳 하나를 뜻한다. 숫자를 추리해 이름을 맞혀보자. 인물 일곱 명은 누구일까?

76636

426538

6222384

6752636

32578233

677466

62586546

답: 229쪽

147

아래 표에 숫자와 버튼이 있다. 오른쪽에 있는 초록색과 빨간색 버튼의 개수는 왼쪽 숫자가 정답 숫자 중 몇 개를 포함하고 있는지 나타낸다. 그중 초록색 버튼의 개수는 정답 숫자 중 몇 개가 올바른 위치에 있는지 보여준다. 예를 들어 3579는 정답 숫자 두 개를 포함하고 있지만 그중 숫자 한 개만 올바른 위치에 있다는 뜻이다. 정답 숫자는 무엇일까?

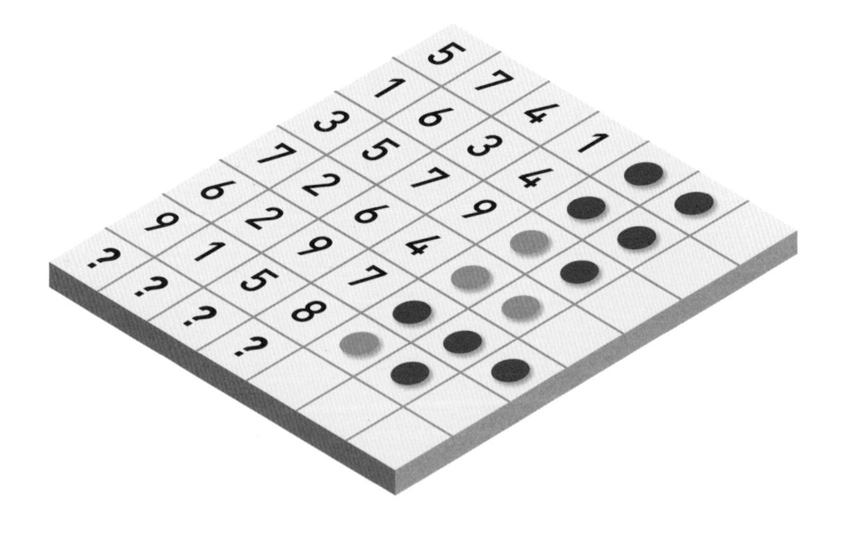

 답: 229쪽

148

네 나라 중 한 나라만 나머지 나라와 연관되어 있다. 어느 나라일까?

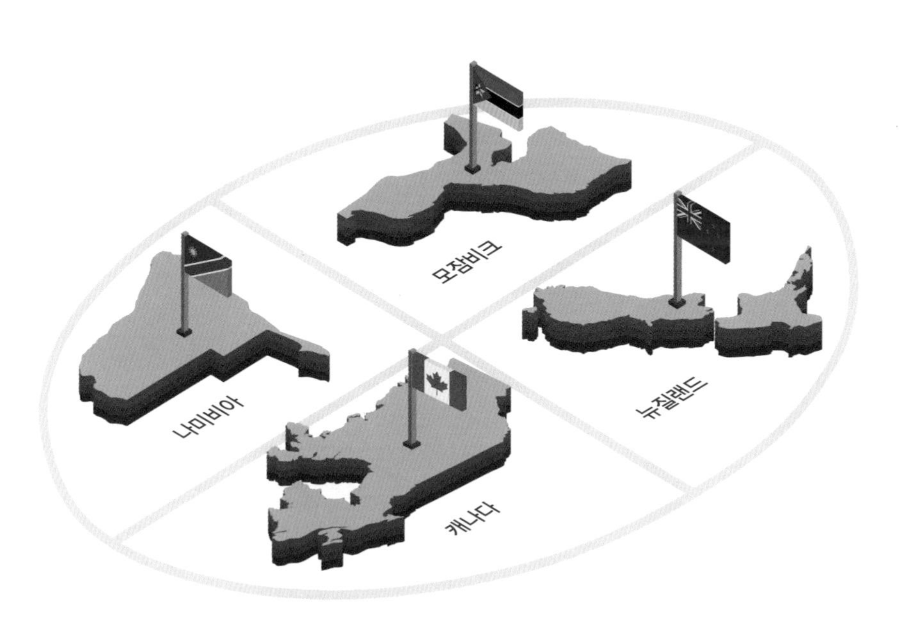

답: 229쪽

아래 빈칸에 1부터 9까지 숫자 아홉 개를 채우는 문제다. 사칙연산은 기존 규칙과 상관없이 왼쪽에서 오른쪽, 위에서 아래로 계산한다. 숫자를 어떻게 채워야 할까?

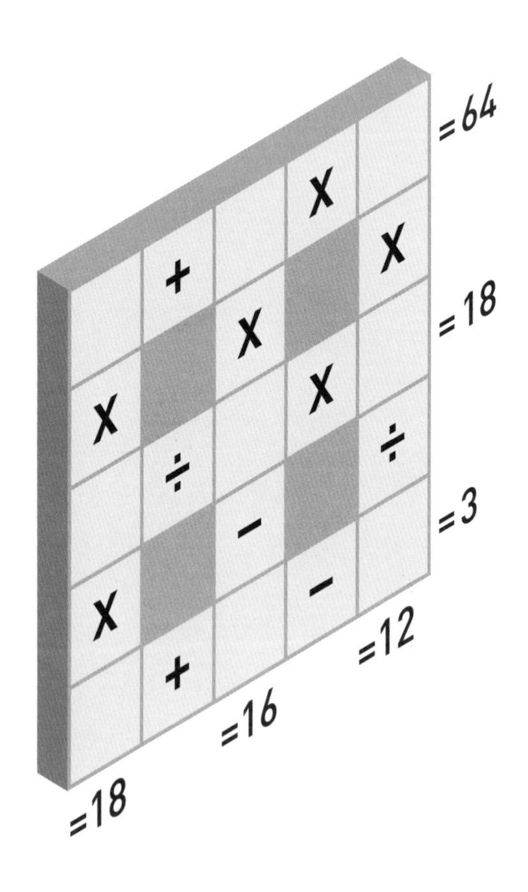

 답: 229쪽

빈칸 아래 숫자들이 있다. 이 숫자들로 표의 빈칸을 채워야 한다. 표를 어떻게 채워야 할까?

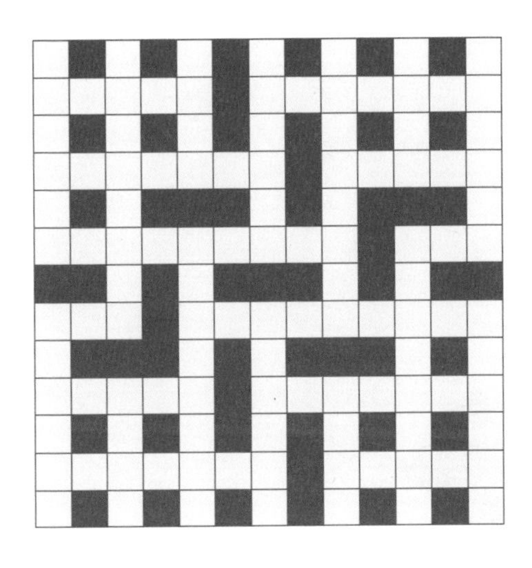

세 자릿수

508
509

네 자릿수

2396
8346
8364
2379

다섯 자릿수

31415
32843
72803
75723

여섯 자릿수

137546
235630
527526
831534
935734
836509

일곱 자릿수

1027695
2549823
3548383
5188647

여덟 자릿수

52486578
54138729
94123789
98286878

아홉 자릿수

178398442
618398447

답:229쪽

151

아래 규칙에 따라 오른쪽 그림을 색칠하는 문제다. 오른쪽 그림을 어떻게 색칠해야 할까?

- 모든 색깔이 이동했다.
- 초록색은 위쪽에, 노란색은 중간에, 분홍색은 아래쪽에 남아 있다.
- 분홍색은 주황색, 노란색과 닿아 있다.
- 노란색은 파란색, 보라색과 닿아 있다.
- 빨간색은 주황색의 왼쪽에 있다.

답: 229쪽

152

아래 그림의 원은 색에 따라 각각의 값을 가진다. 가로줄과 세로줄 끝에 적힌 숫자는 그 줄에 있는 원들이 나타내는 숫자를 더한 값이다. 주황색 원이 나타내는 숫자는 무엇일까?

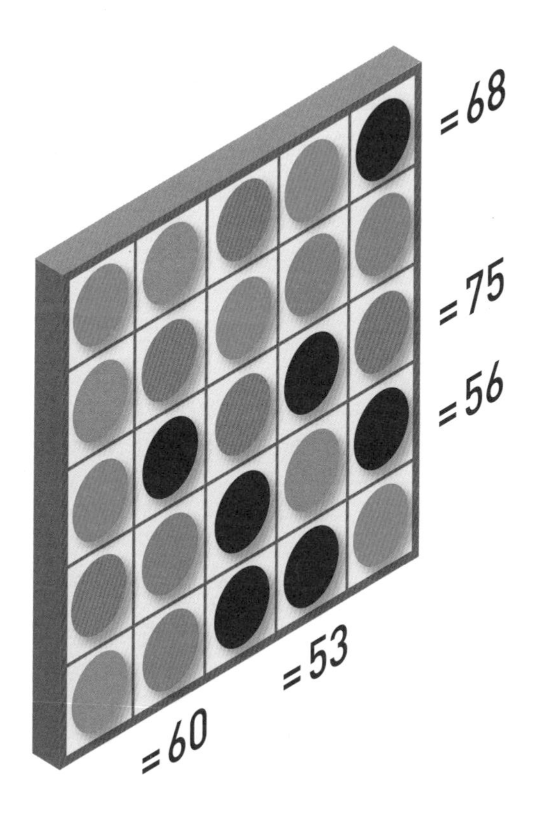

답:230쪽

아래 방법을 따라 점선대로 접고 실선대로 자른 다음 종이를 펼쳐보자. 무늬는 보기 A~D 중 어떤 것일까?

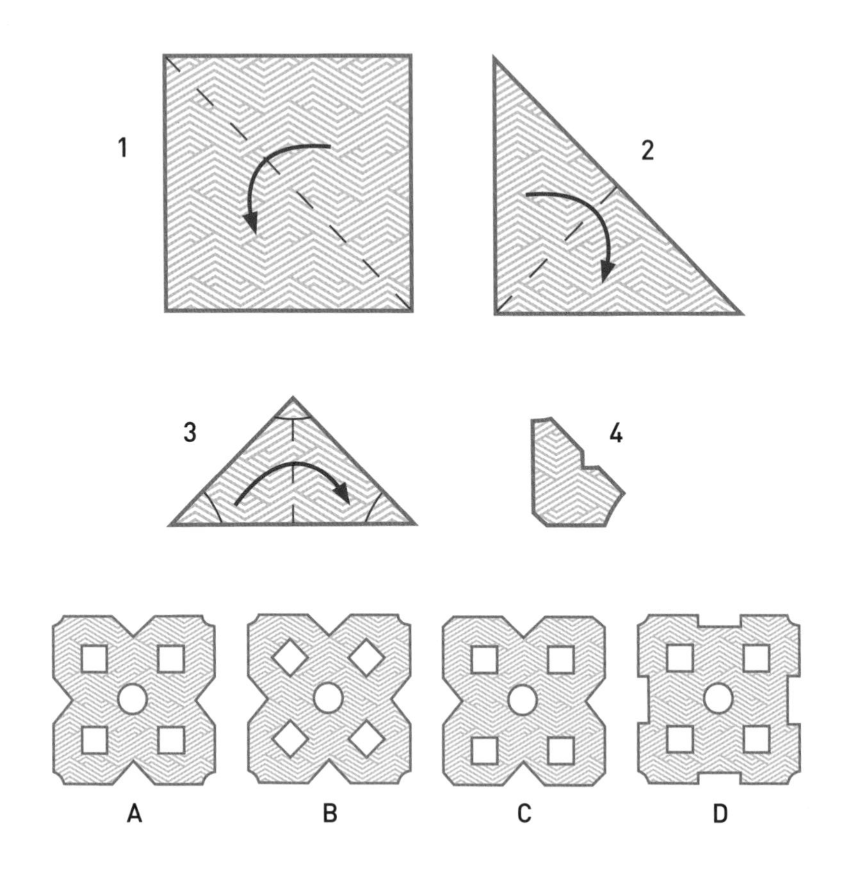

 답: 230쪽

154

아래 숫자들은 어떤 규칙에 따라 적혀 있다. 다음에 올 숫자는 무엇일까?

1 2 6 15 31 56 92 ?

답: 230쪽

버드워처 빌은 한적한 저수지로 휴가를 떠났다. 첫날 아침, 저수지를 바라보던 버드워처는 물수리 12마리가 36분 동안 물고기를 24마리나 잡아먹는 것을 보았다. 그 놀라운 광경에 그는 계속해서 잡히는 물고기 수를 세다 보니 오후가 되었다. 오후에는 물수리들이 3시간 동안 총 120마리를 잡았다. 과연 그가 오후에 본 물수리는 모두 몇 마리였을까?

 답: 230쪽

156

아래에 수식이 두 개 있다. 각 수식의 빈칸에 아래 숫자 다섯 개를 넣어 완성해야 한다. 물론 두 수식에 들어가는 숫자의 순서는 다르다. 사칙연산은 곱셈과 나눗셈을 먼저 하지 않고 왼쪽부터 오른쪽 방향으로 계산한다. 수식을 완성해보자. 숫자를 어떻게 채워야 할까?

3 4 5 25 100

◯ − ◯ ÷ ◯ + ◯ x ◯ = 72

◯ − ◯ x ◯ ÷ ◯ + ◯ = 75

답: 230쪽

157

코미디 서부영화 네 편이 나올 예정이다. 아래 단서를 통해 영화 제목, 감독, 여자 배우와 남자 배우의 이름을 추리해보자.

- 알프레드 히치노트 감독의 영화는 드라이 리버가 아니었고, 빌리 고트(남)나 애니 오케이(여)가 출연하지 않았다. 이들은 똑같은 영화에 등장하지 않은 인물들이다.
- 트위기 앨런 감독의 영화는 스타 벨(여)이 출연했지만, 빅 브리치(남)나 와일드 빌 히컵(남)의 상대역은 아니었다.
- 와일드 빌 히컵(남)은 드라이 리버에 출연했다.
- 캘러머티 준(여)은 캐머런 제임스가 감독하지 않았던 포가튼에 출연했다.
- 마틴 스코어즈 감독의 영화는 로 눈이 아니었다.
- 로 눈에는 와일드 로즈(여)가 등장했지만 빌리 고트(남)는 등장하지 않았다.
- 와이어 트워프는 컵스 위드 댄스에서 남자 주인공으로 활약했다.

158

아래는 가로세로 숫자퍼즐이다. 가로와 세로 열쇳말을 보고 빈칸을 채워 보자. 색칠한 칸의 값은 날짜(일, 월, 년)를 뜻하는데, 기술 역사에서 의미 있는 날이다. 색칠한 칸에 들어갈 숫자는 무엇일까?

1	2		3	■	4	5	6	7
8		■	9	10				
	■	11				■		■
12				■	13	14		15
	■		■	■	■		■	
16	17		18	■	19			
■		■	20	21			■	
22		23				■	24	
25				■	26			

가로

1. 10001 − 5005 − 3480
4. 〈세로 6〉 − 〈세로 19〉
8. 〈세로 4〉의 마지막 두 자릿수
9. 단서 없음
11. 10264÷8
12. 262×36
13. 541×〈세로 22〉
16. 667+〈세로 11〉+〈가로 25〉
19. 〈가로 13〉 − 4820
20. 103×〈가로 8〉
22. 404×275
24. 4^2
25. 212×〈세로 7〉
26. 〈가로 4〉+〈가로 16〉

세로

1. 〈세로 15〉 − 〈가로 22〉
2. 1010 − 954
3. 602×〈세로 7〉
4. 〈세로 2〉의 제곱
5. $2^3+3^3+4^3$
6. 707×7
7. 첫 번째 두 자리 소수
10. 〈가로 19〉÷19
11. 〈세로 15〉의 처음 두 자릿수 ×〈세로 2〉
14. 678×6
15. 492의 제곱
17. 〈세로 18〉을 재배열한 수
18. 207×〈가로 24〉
19. 〈세로 2〉×〈세로 24〉
21. 4900의 제곱근
22. (〈세로 7〉+〈세로 23〉) ÷ 2
23. 〈세로 1〉의 처음 두 자릿수
24. 〈가로 8〉÷2

답: 230쪽

도형들의 관계를 파악해보자. 빈칸에 들어갈 도형은 보기 A~E 중 어떤 것일까?

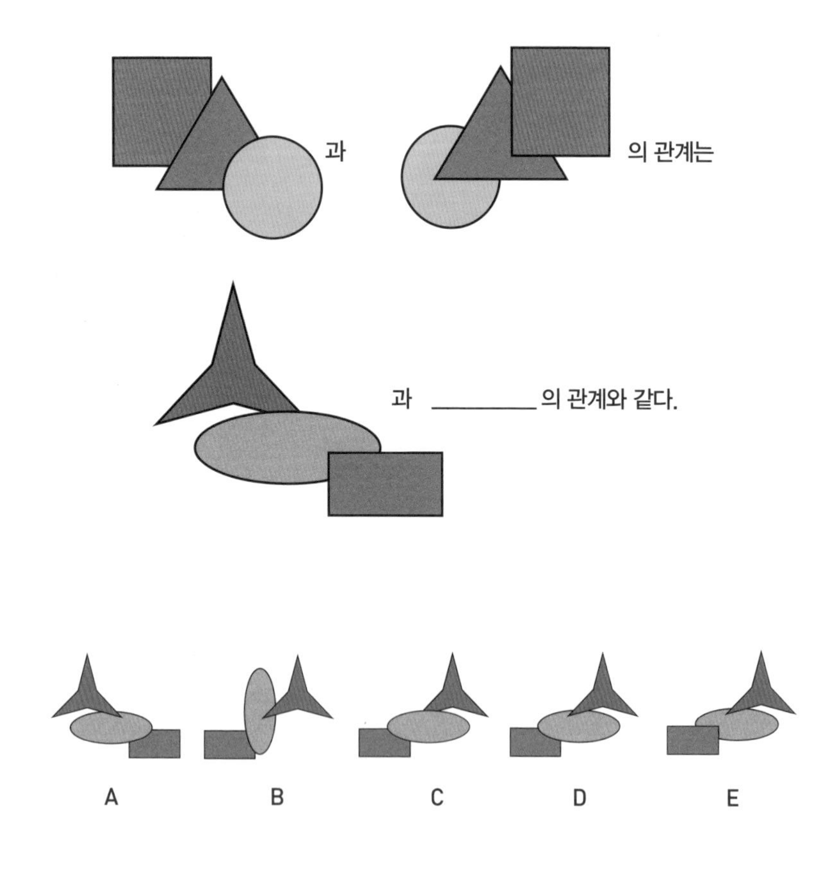

답: 230쪽

160

아래 빈칸에 규칙에 맞게 색깔을 채워야 한다. 들어가야 할 색깔은 빨간색, 주황색, 노란색, 초록색, 파란색, 보라색, 분홍색, 갈색, 검은색 총 아홉 가지다. 색깔을 어떻게 채워야 할까?

– 보라색은 빨간색 위에 있고 주황색과 갈색의 오른쪽에 있다.

– 초록색은 주황색 위에 있다.

– 초록색과 파란색의 왼쪽에 있는 노란색은 검은색보다 위에 있다.

– 파란색은 보라색과 빨간색 위에 있으며, 빨간색은 분홍색의 오른쪽에 있다.

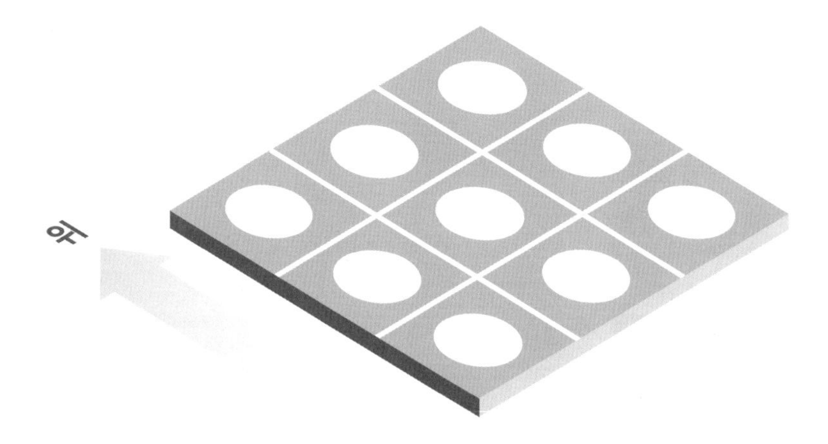

답: 230쪽

블록에 적힌 숫자는 바로 아래에 있는 두 블록에 적힌 숫자를 더한 값이다. 빈 블록에 들어갈 숫자는 무엇일까?

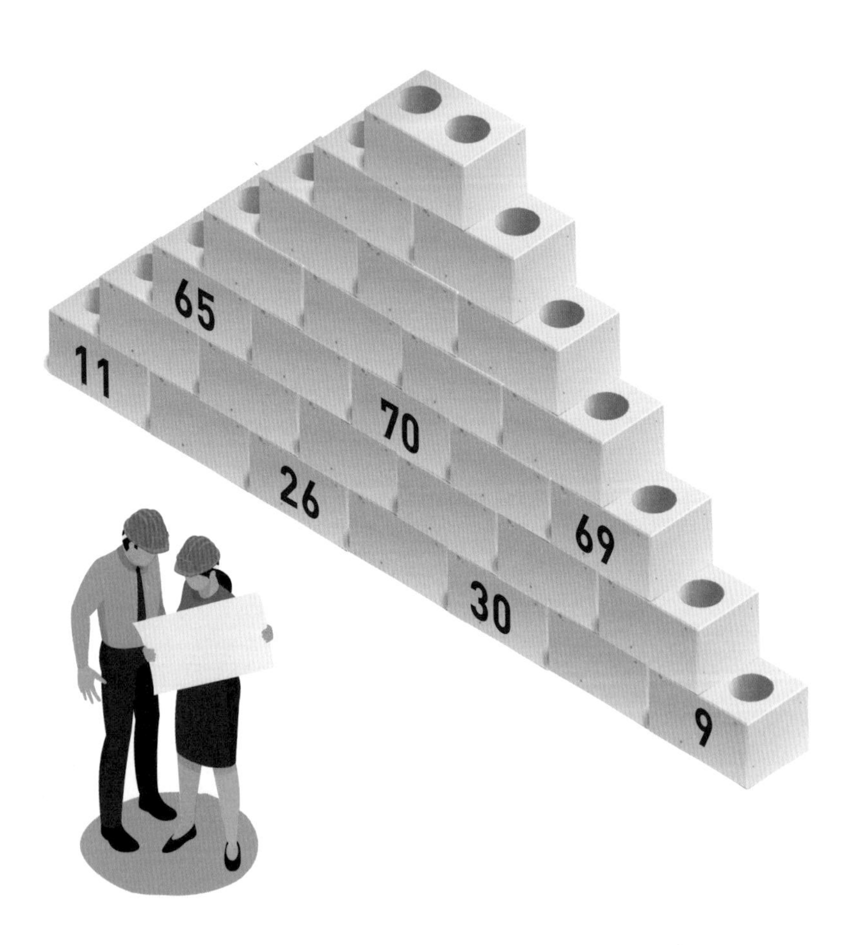

 답: 230쪽

162

원에 적힌 숫자들 중 하나는 나머지 원에 적힌 숫자 두 개를 더한 값이다. 이 문제로 숫자를 얼마나 빠르게 분석할 수 있는지 시험할 수 있다. 그 숫자는 무엇일까?

163

아래 표에 숫자와 버튼이 있다. 오른쪽에 있는 초록색과 빨간색 버튼의 개수는 왼쪽 숫자가 정답 숫자 중 몇 개를 포함하고 있는지 나타낸다. 그중 초록색 버튼의 개수는 정답 숫자 중 몇 개가 올바른 위치에 있는지 보여준다. 예를 들어 8165는 정답 숫자 두 개를 포함하고 있지만 그중 숫자 한 개만 올바른 위치에 있다는 뜻이다. 정답 숫자는 무엇일까?

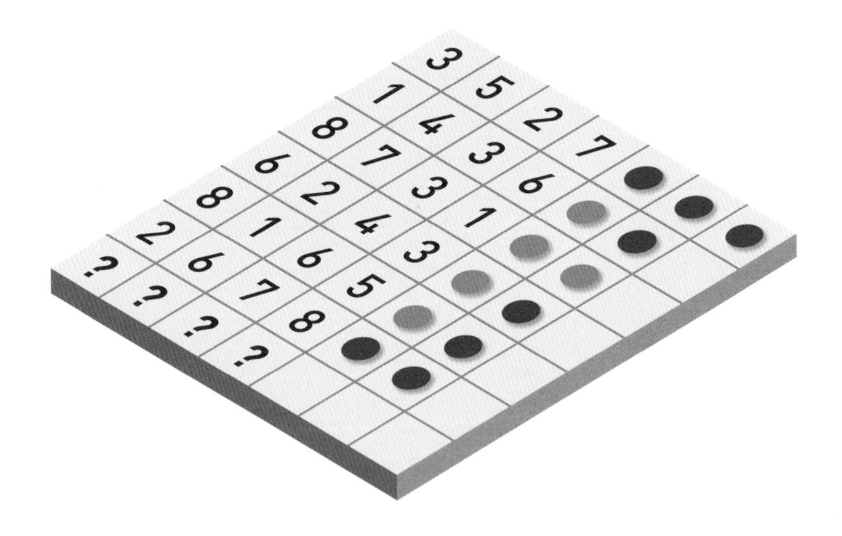

답: 231쪽

164

내가 13세였을 때 할아버지는 69세였다. 현재 할아버지는 나보다 나이가 세 배 많다. 나와 할아버지의 나이는 몇 살일까?

답: 231쪽

165

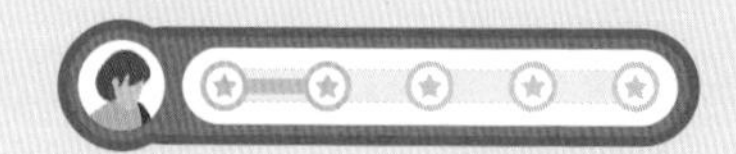

네 가지 동물 중 한 가지 동물만 나머지 동물과 연관되어 있다. 한 가지 동물은 어느 것일까?

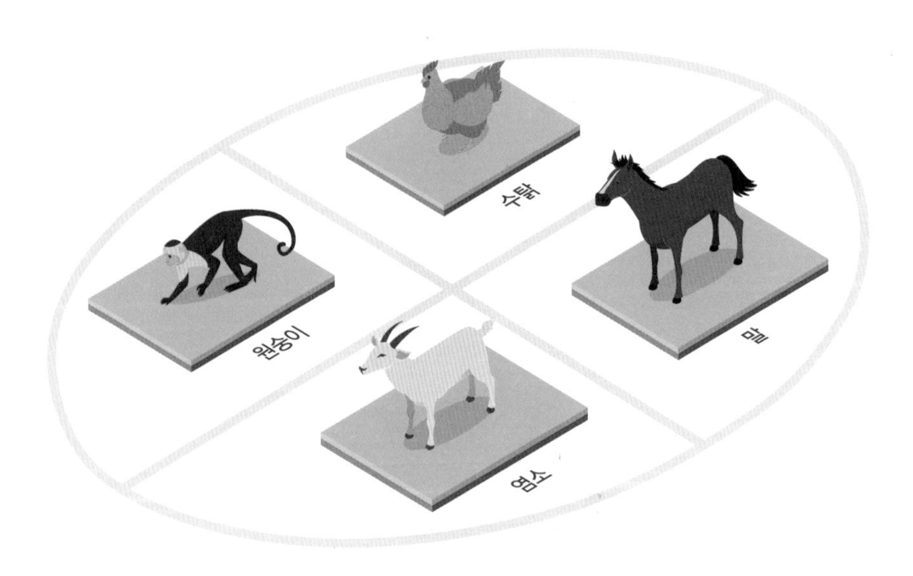

 답: 231쪽

166

아래 빈칸에 1부터 9까지 숫자 아홉 개를 채우는 문제다. 사칙연산은 기존 규칙과 상관없이 왼쪽에서 오른쪽, 위에서 아래로 계산한다. 숫자를 어떻게 채워야 할까?

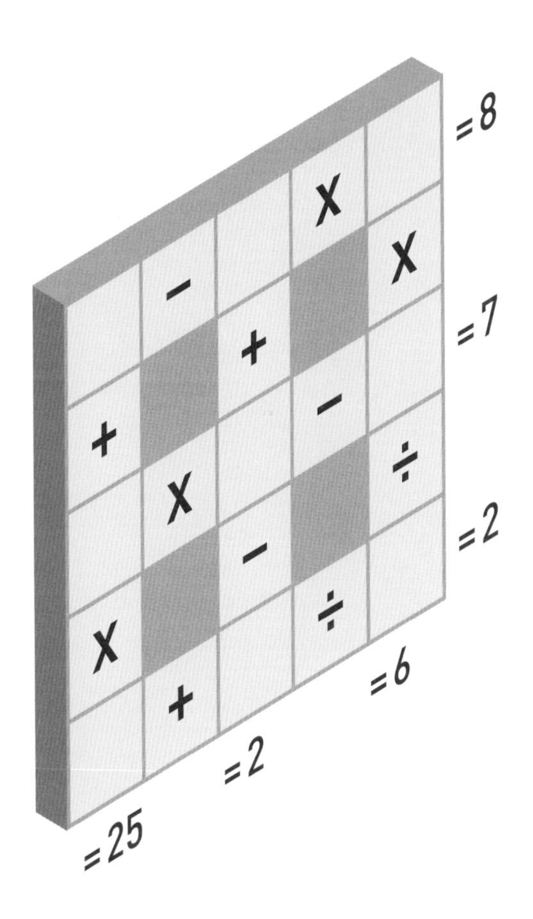

답: 231쪽

167

빈칸 아래 숫자들이 있다. 이 숫자들로 표의 빈칸을 채워야 한다. 표를 어떻게 채워야 할까?

세 자릿수

243
244
342

네 자릿수

1358
1936
1943
1984
2362
2914
2915
2945
3314
3806
3986
4360
4904
8204
8260

다섯 자릿수

26543
34851
36154
36963
54092
76352

여섯 자릿수

174262
654432

일곱 자릿수

1494749
2438756
2493719
2637213
7498756

아홉 자릿수

326498572
326698471
491375326
496715326

답: 231쪽

168

아래는 가로세로 숫자퍼즐이다. 가로와 세로 열쇳말을 보고 빈칸을 채워 보자. 색칠한 칸의 값은 날짜(일, 월, 년)를 뜻하는데, 미국 범죄사에서 법과 질서가 실현되었다고 평가받는 날이다. 색칠한 칸에 들어갈 숫자는 무엇일까?

<table>
<tr><td>1</td><td></td><td>2</td><td>3</td><td>■</td><td>4</td><td>5</td><td></td><td>6</td></tr>
<tr><td></td><td>■</td><td>7</td><td></td><td>8</td><td></td><td></td><td>■</td><td></td></tr>
<tr><td>9</td><td>10</td><td></td><td>■</td><td></td><td>■</td><td>11</td><td>12</td><td></td></tr>
<tr><td>13</td><td></td><td>■</td><td>14</td><td></td><td>15</td><td></td><td></td><td></td></tr>
<tr><td>■</td><td>16</td><td>17</td><td></td><td></td><td></td><td></td><td></td><td>■</td></tr>
<tr><td>18</td><td></td><td></td><td></td><td></td><td></td><td>■</td><td>19</td><td>20</td></tr>
<tr><td>21</td><td></td><td></td><td>■</td><td></td><td>■</td><td>22</td><td></td><td></td></tr>
<tr><td></td><td>■</td><td>23</td><td>24</td><td></td><td>25</td><td></td><td>■</td><td></td></tr>
<tr><td>26</td><td></td><td></td><td></td><td>■</td><td>27</td><td></td><td></td><td></td></tr>
</table>

가로

1. 101×〈가로 13〉
4. 〈가로 1〉+〈세로 4〉
7. 〈세로 1〉×8
9. 〈가로 23〉의 처음 두 자리×〈가로 22〉의 처음 두 자리
11. 작아지는 짝수 연속 수
13. 441의 제곱근
14. 19333×〈세로 3〉
16. 단서 없음
18. 〈가로 14〉−〈가로 7〉−〈가로 23〉
19. 4^2+5^2+6
21. 366+〈가로 9〉
22. 44+67
23. 〈가로 21〉×〈가로 19〉
26. 50725÷〈세로 4〉
27. 419×2^4

세로

1. 로마자 MMCMXXXII
2. 2925÷13
3. 커지는 연속적인 홀수들
4. 5^2
5. 9523+7315
6. 80^2+7^2+100
8. 〈가로 7〉×〈세로 22〉
10. 5413×15
12. 〈세로 10〉−19054
14. 〈세로 4〉×11
15. $4^2+7^2+11^2$
17. 7022×6
18. 134×〈세로 3〉
20. 〈세로 18〉을 재배열한 수
22. 〈세로 24〉×3
24. 〈세로 6〉÷〈가로 22〉
25. (〈세로 2〉−〈세로 22〉)×2

답: 231쪽

169

세쌍둥이인 톰, 딕, 해리는 드디어 그들의 사랑을 찾았고 프러포즈를 준비했다. 그들은 각자 연인에게 청혼하기 위해 로맨틱한 여행지에 반지를 숨겨두었다. 아래 단서를 통해 톰, 딕, 해리의 연인 이름, 그들이 준비한 약혼반지의 종류, 약혼반지를 숨긴 곳, 여행지와 머문 곳을 추리해보자.

- 폴은 황금으로 만든 반지를 찾았지만, 커피포트가 아닌 다른 곳에서 반지를 발견했다.
- 파티마는 오두막에 묵지 않았고, 오두막은 스노도니아에 있다.
- 해리는 호수에서 청혼하지 않았고 백금 반지를 준비했지만 초콜릿 상자에 숨기지 않았다.
- 꽃다발 속에 숨겨져 있던 반지는 호수에서 발견되었는데, 마리아가 발견하지 않았다.
- 마리아는 호스텔에 머무르지 않았다.
- 톰은 텐트에 머물렀지만 산이 아니었고, 화이트골드 반지를 준비하지도 않았다.
- 마리아는 초콜릿 상자가 아닌 다른 곳에서 반지를 발견했다.

답: 231쪽

170

아래 빈칸에 규칙에 맞게 색깔을 채워야 한다. 들어가야 할 색깔은 빨간색, 주황색, 노란색, 초록색, 파란색, 보라색, 분홍색, 갈색, 검은색 총 아홉 가지다. 색깔을 어떻게 채워야 할까?

– 분홍색은 보라색 위에 있고 보라색은 검은색과 주황색의 오른쪽에 있다.

– 초록색은 노란색보다 위에 있고 빨간색의 왼쪽에 있다.

– 빨간색과 주황색은 갈색 위에 있고 갈색은 파란색의 왼쪽에 있다.

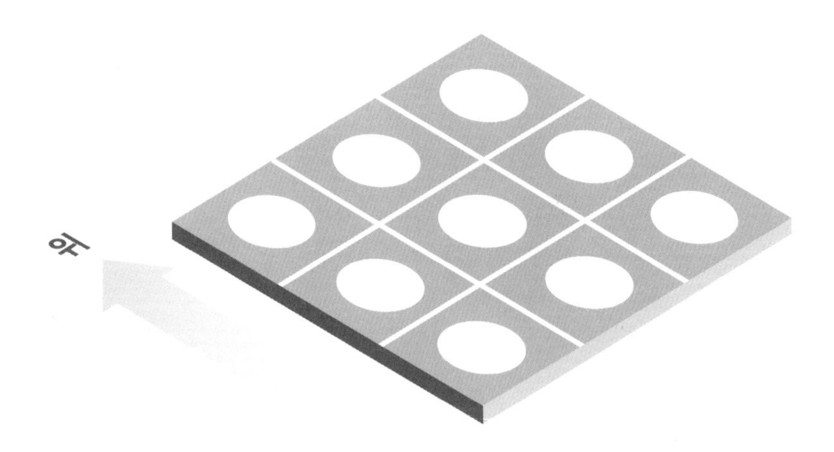

답:232쪽

171

아래 규칙에 따라 오른쪽 그림을 색칠하는 문제다. 오른쪽 그림을 어떻게 색칠해야 할까?

– 한 색깔을 제외하고 모두 이동했다.

– 주황색은 원래 위치와 정반대에 있다. 분홍색과 파란색 사이에 있다.

– 보라색은 빨간색과 노란색 사이에 있다.

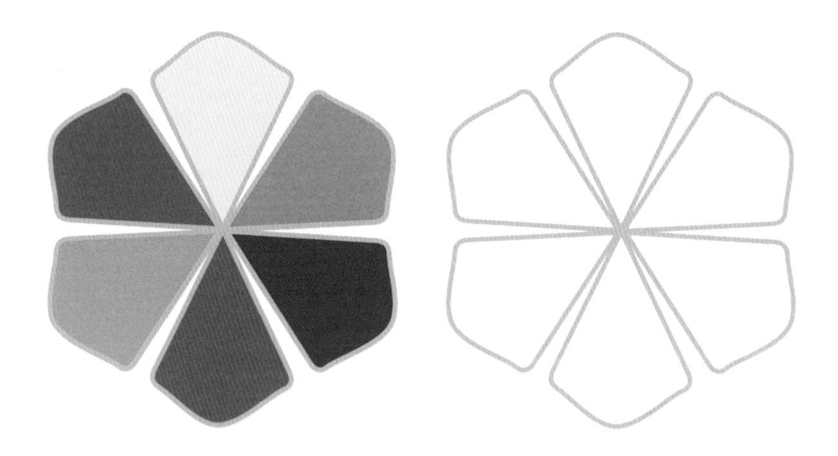

답: 232쪽

172

아래는 그림 암호 문제다. 각 그림에서 유추할 수 있는 숫자를 찾아 수식에 맞게 계산해야 한다. 또 앞에서부터 숫자 두 개씩 묶어 계산한 다음 값을 구해야 한다. 아래 수식을 계산한 값은 몇일까?

힌트 : 소수 11개

답:232쪽

173

아래 네 개 그림은 하나의 패턴으로 연결되어 있다. 다음에 올 그림은 보기 A~D 중 어떤 것일까?

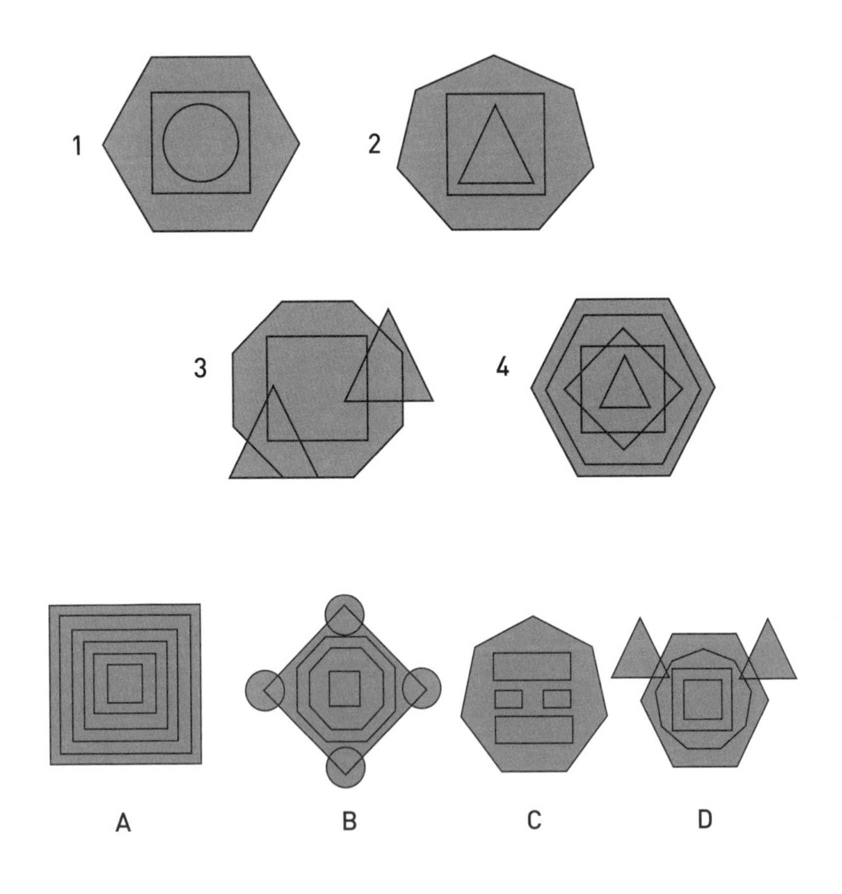

답: 232쪽

174

아래 숫자들은 어떤 규칙에 따라 적혀 있다. 다음에 올 숫자는 무엇일까?

2 10 30 68 130 222 350 ?

답: 232쪽

아래 그림의 원은 색에 따라 각각의 값을 가진다. 가로줄과 세로줄 끝에 적힌 숫자는 그 줄에 있는 원들이 나타내는 숫자를 더한 값이다. 각 원이 나타내는 숫자는 무엇일까?

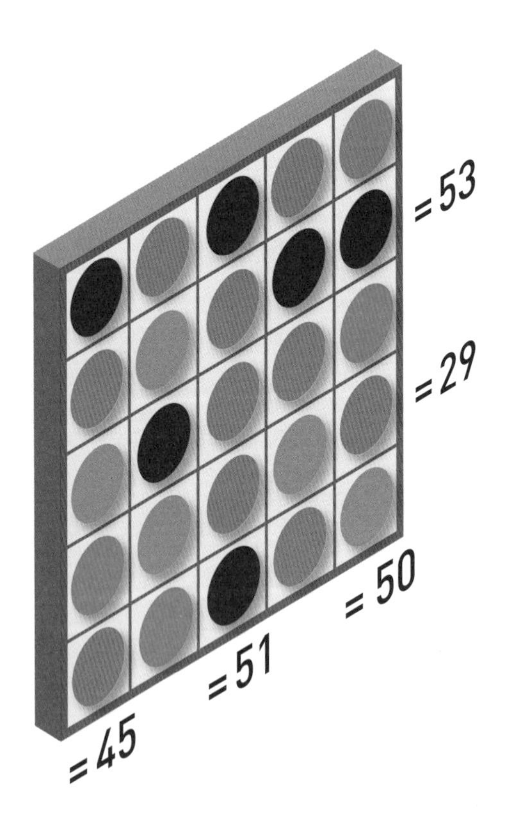

 답: 232쪽

176

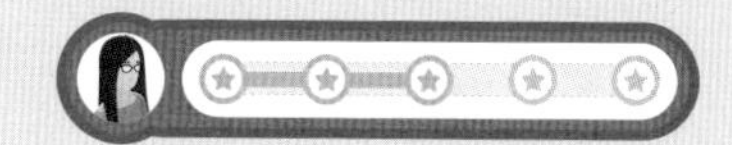

아래에 수식이 두 개 있다. 각 수식의 빈칸에 아래 숫자 다섯 개를 넣어 완성해야 한다. 물론 두 수식에 들어가는 숫자의 순서는 다르다. 사칙연산은 곱셈과 나눗셈을 먼저 하지 않고 왼쪽부터 오른쪽 방향으로 계산한다. 수식을 완성해보자. 숫자를 어떻게 채워야 할까?

5 6 9 11 12

○ − ○ + ○ ÷ ○ x ○ = 12

○ − ○ x ○ ÷ ○ + ○ = 12

답: 232쪽

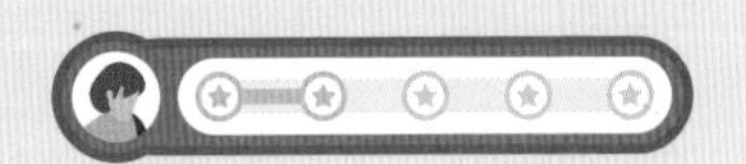

도형들의 관계를 파악해보자. 빈칸에 들어갈 도형은 보기 A~E 중 어떤 것일까?

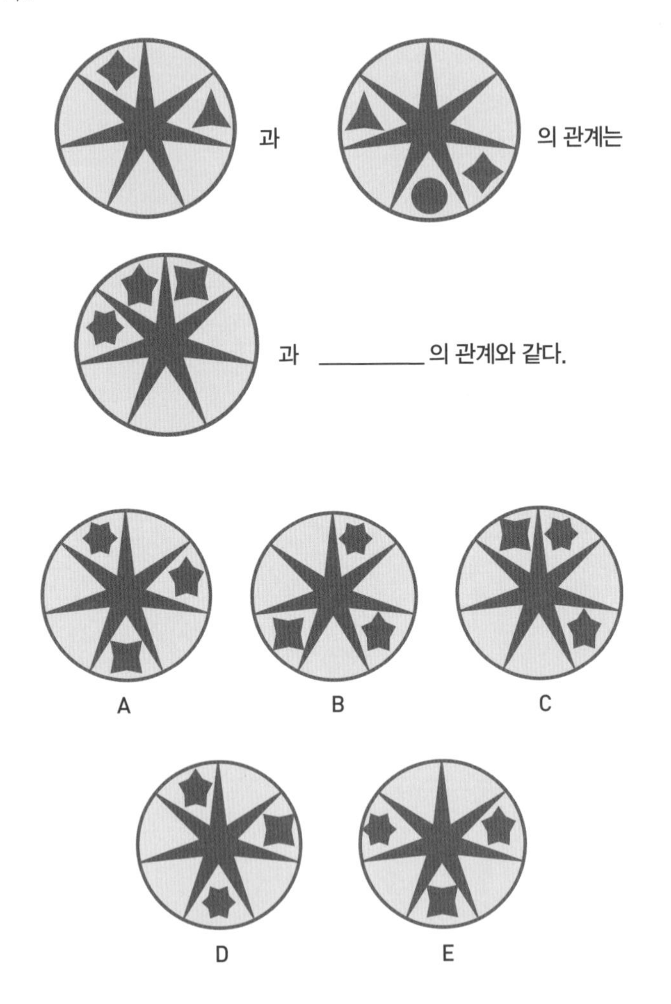

 답:232쪽

178

아래 두 저울이 균형을 이루고 있다. 마지막 저울이 균형을 이루려면 삼각기둥 몇 개가 필요할까?

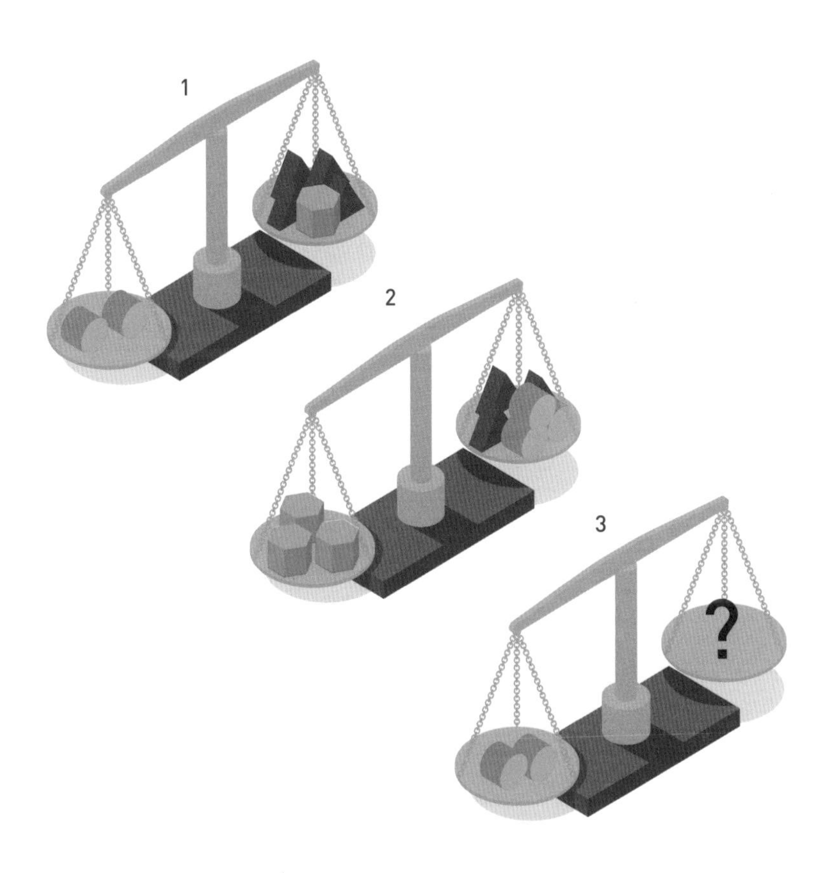

답: 232쪽

179

아래 숫자는 디즈니 영화 주인공들의 이름을 뜻한다. 예를 들어 숫자 3은 D, E, F 중 알파벳 하나를 뜻한다. 숫자를 추리해 이름을 맞혀보자. 디즈니 영화 주인공 여섯 명은 누구일까?

22624

38626

746622446

73837726

7622466827

68526

답: 232쪽

180

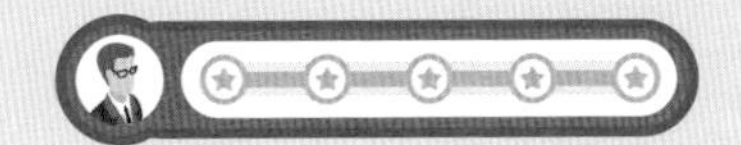

아래 칸의 각 행과 열에 초록색, 파란색, 빨간색, 주황색 원이 한 번씩 들어가야 한다. 행과 열의 끝에 숫자와 색깔 힌트가 있다. 힌트는 어떤 색깔의 원이 몇 번째에 들어가는지 나타낸다. 이때 각 행과 열에 빈 원이 두 개씩 들어가야 하며 빈칸이므로 순서를 따질 때 고려하지 않는다. 예를 들어 초록색 1은 해당 행 또는 열에 그려진 색깔 원 중에서 초록색 원이 빈칸을 제외하고 첫 번째로 나온다는 뜻이다. 규칙에 맞게 칸을 채워 보자. 각 칸을 어떻게 색칠해야 할까?

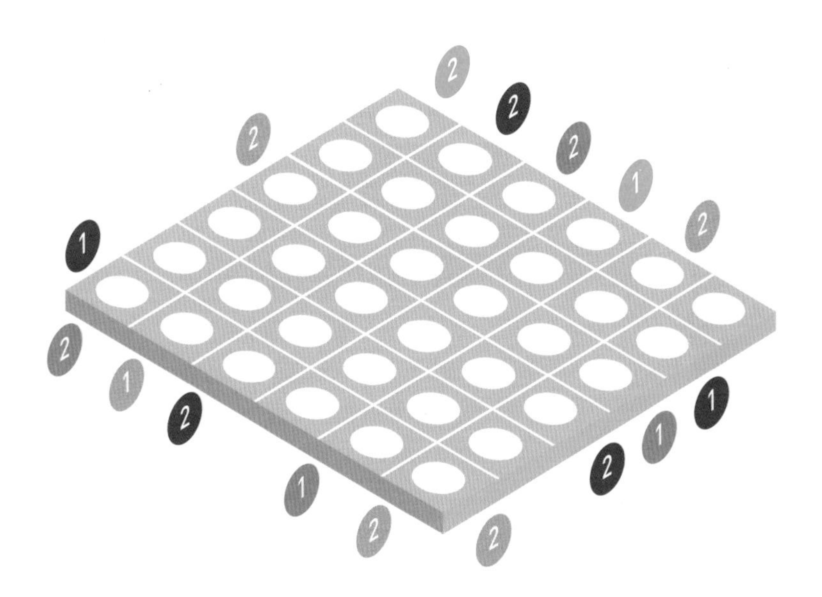

답: 233쪽

181

블록에 적힌 숫자는 바로 아래에 있는 두 블록에 적힌 숫자를 더한 값이다. 빈 블록에 들어갈 숫자는 무엇일까?

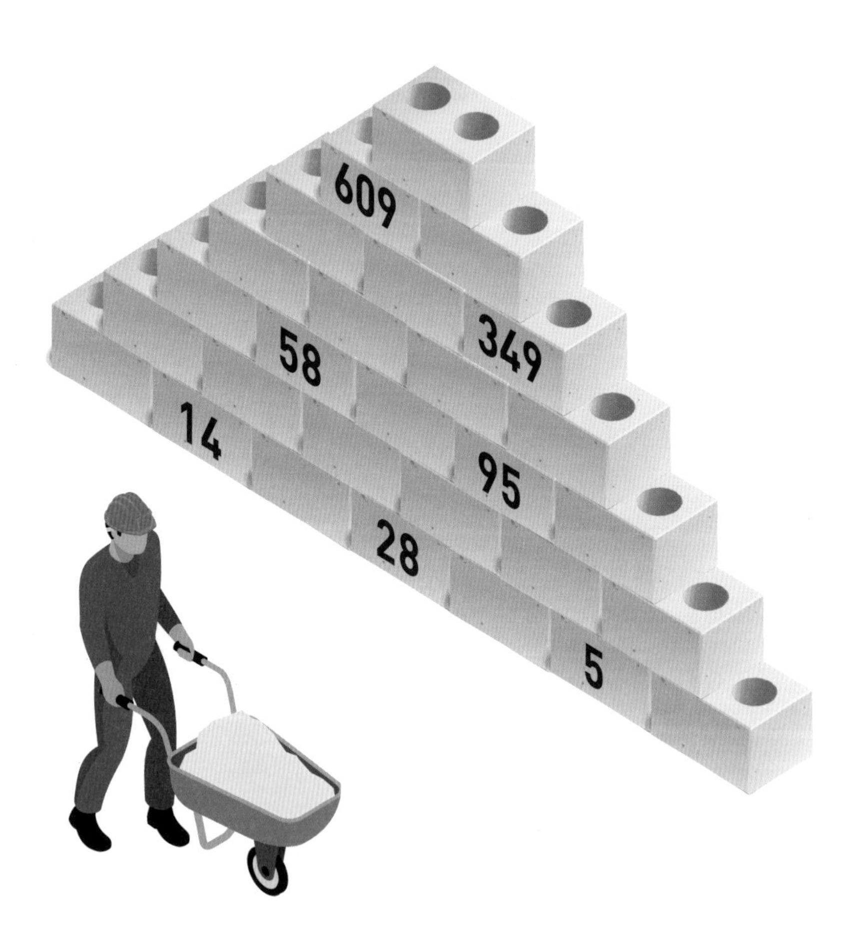

 답:233쪽

182

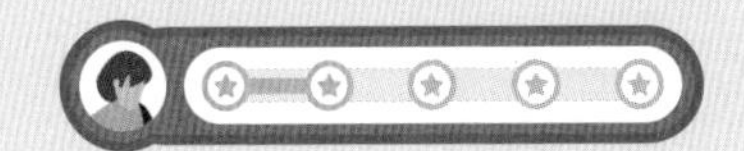

원에 적힌 숫자들 중 하나는 나머지 원에 적힌 숫자 두 개를 더한 값이다. 이 문제로 숫자를 얼마나 빠르게 분석할 수 있는지 시험할 수 있다. 그 숫자는 무엇일까?

답: 233쪽

183

아래 칸의 각 행과 열에 초록색, 파란색, 빨간색, 주황색 원이 한 번씩 들어가야 한다. 행과 열의 끝에 숫자와 색깔 힌트가 있다. 힌트는 어떤 색깔의 원이 몇 번째에 들어가는지 나타낸다. 이때 각 행과 열에 빈 원이 두 개씩 들어가야 하며 빈칸이므로 순서를 따질 때 고려하지 않는다. 예를 들어 초록색 1은 해당 행 또는 열에 그려진 색깔 원 중에서 초록색 원이 빈칸을 제외하고 첫 번째로 나온다는 뜻이다. 규칙에 맞게 칸을 채워 보자. 각 칸을 어떻게 색칠해야 할까?

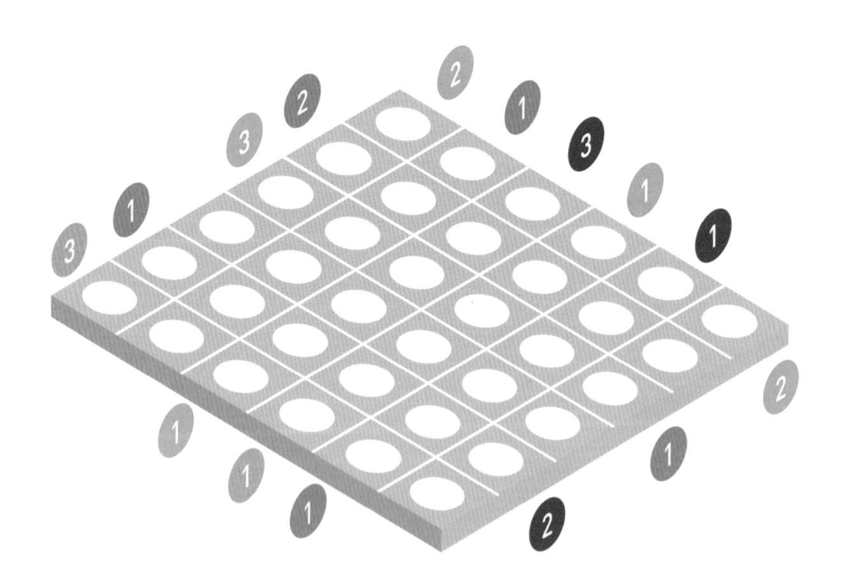

 답: 233쪽

184

아래는 그림 암호 문제다. 각 그림에서 유추할 수 있는 숫자를 찾아 수식에 맞게 계산해야 한다. 또 앞에서부터 숫자 두 개씩 묶어 계산한 다음 값을 구해야 한다. 아래 수식을 계산한 값은 몇일까?

힌트 : 통치 햇수

답:233쪽

185

네 가지 동물 중 한 가지 동물만 나머지 동물과 연관되어 있다. 한 가지 동물은 어느 것일까?

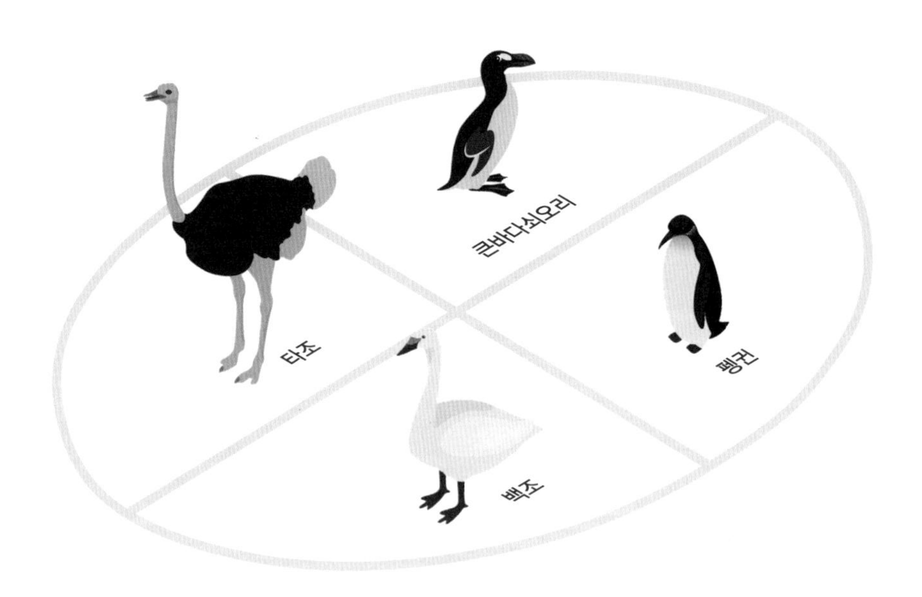

 답: 233쪽

186

아래 빈칸에 1부터 9까지 숫자 아홉 개를 채우는 문제다. 사칙연산은 기존 규칙과 상관없이 왼쪽에서 오른쪽, 위에서 아래로 계산한다. 숫자를 어떻게 채워야 할까?

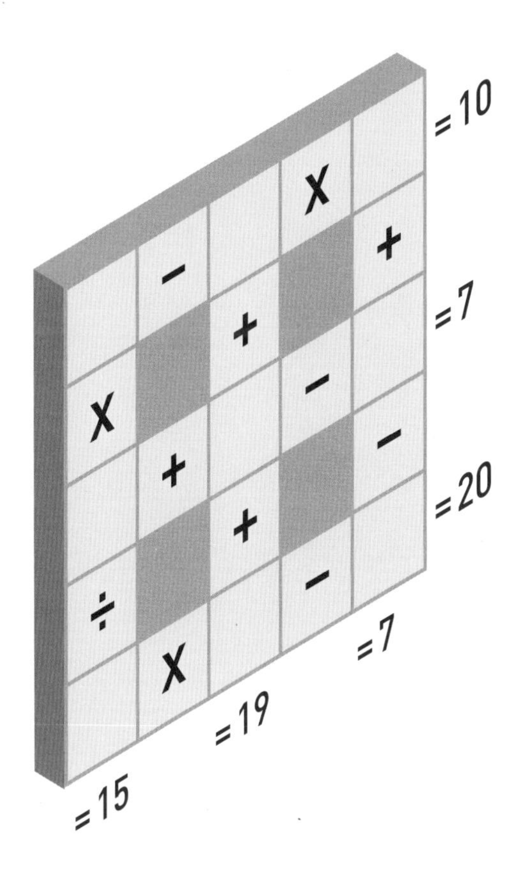

답: 233쪽

187

빈칸 아래 숫자들이 있다. 이 숫자들로 표의 빈칸을 채워야 한다. 표를 어떻게 채워야 할까?

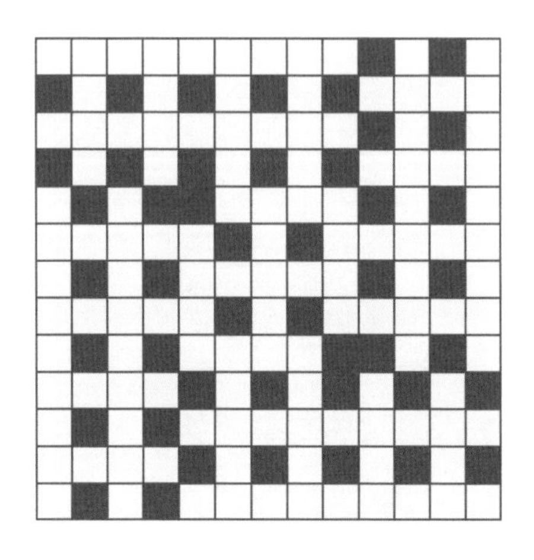

네 자릿수

1203
1348
1458
1467
3297
3751
4274
4384
4504
6598
8599
8762

다섯 자릿수

21964
28056
29176
39841
41139
43870
62931
64115
74309
78310

아홉 자릿수

143896092
231985053
235196740
332370538
355649082
538626044
584179371
701429346

 답:234쪽

188

아래 규칙에 따라 오른쪽 그림을 색칠하는 문제다. 오른쪽 그림을 어떻게 색칠해야 할까?

– 모든 색깔이 이동했다.

– 파란색은 위쪽에 있으며 노란색과 초록색 사이에 있다.

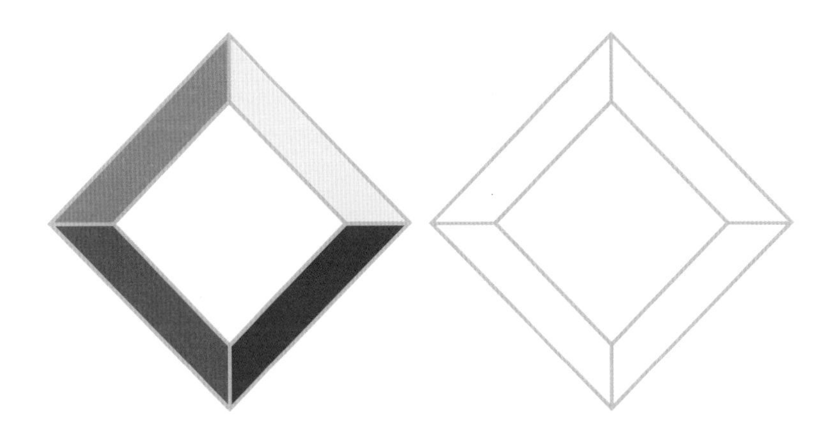

답: 234쪽

아래 그림의 원은 색에 따라 각각의 값을 가진다. 가로줄과 세로줄 끝에 적힌 숫자는 그 줄에 있는 원들이 나타내는 숫자를 더한 값이다. 분홍색 원이 나타내는 숫자는 무엇일까?

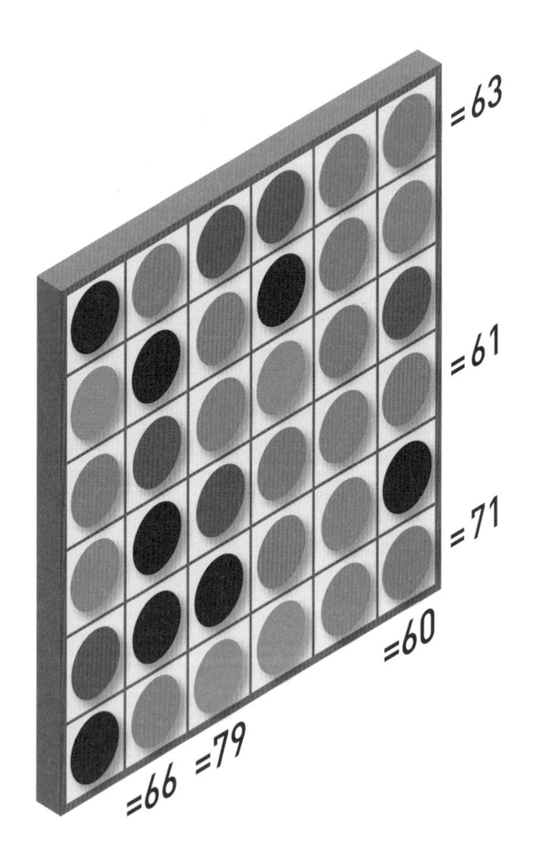

 답: 234쪽

190

아래 네 개 그림은 하나의 패턴으로 연결되어 있다. 다음에 올 그림은 보기 A~D 중 어떤 것일까?

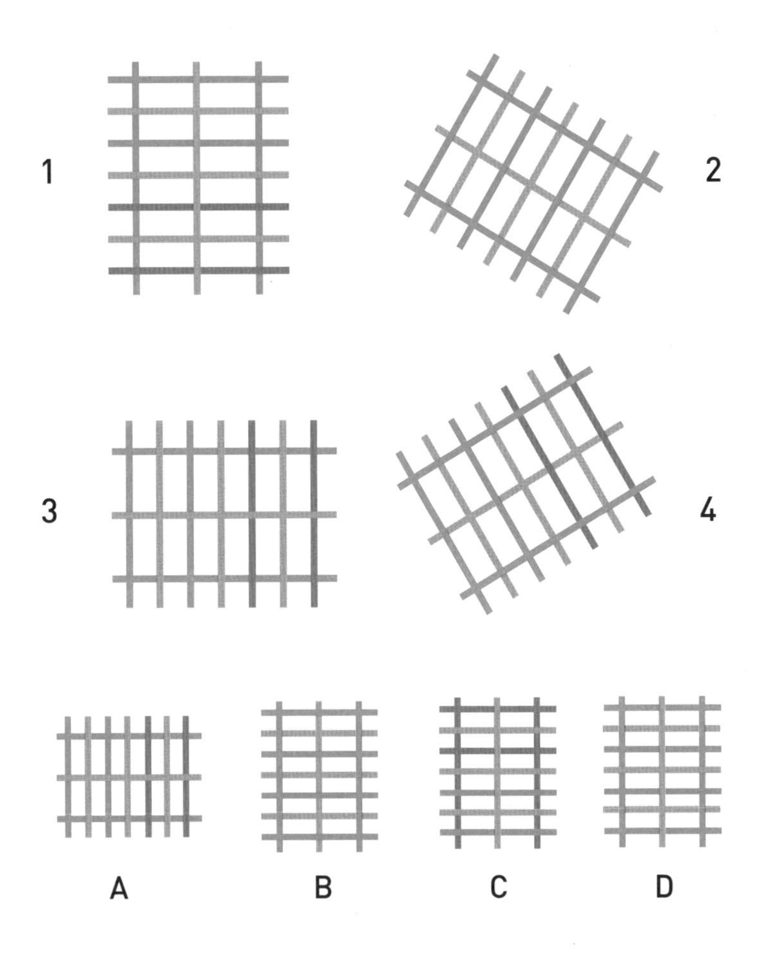

191

아래 숫자들은 어떤 규칙에 따라 적혀 있다. 다음에 올 숫자는 무엇일까?

1 2 0 3 -1 4 -2 ?

 답: 234쪽

192

기상학자들이 모여 각자가 예상한 폭풍 시기를 발표했다. 아래 단서를 통해 기상학자의 이름, 폭풍의 이름, 폭풍 예상 시기와 발표 요일을 추리해보자.

- 제니 스노는 코너도 이몬도 아닌 다른 폭풍을 예상했으며 폴보다 빨리 발표했다.
- 폴은 3월에 브로나가 아닌 다른 폭풍을 예상했다.
- 1월로 예상하는 폭풍 데어드레이 소식은 월요일이나 수요일에 발표하지 않았다.
- 레인보라는 성을 가진 발표자는 금요일에 발표했다.
- 토미는 수요일에 발표했지만 9월 폭풍을 예상하진 않았다.
- 목요일에 발표한 마리아의 성은 블리자드가 아니다.
- 블리자드는 11월에 발표했지만 폭풍 브로나에 대해서 발표하지는 않았다.
- 폭풍 이몬은 금요일에 발표되었지만 프로스트가 발표한 건 아니었다.

답: 234쪽

아래에 수식이 두 개 있다. 각 수식의 빈칸에 아래 숫자 다섯 개를 넣어 완성해야 한다. 물론 두 수식에 들어가는 숫자의 순서는 다르다. 사칙연산은 곱셈과 나눗셈을 먼저 하지 않고 왼쪽부터 오른쪽 방향으로 계산한다. 수식을 완성해보자. 숫자를 어떻게 채워야 할까?

4 7 10 14 20

○ ÷ ○ x ○ − ○ + ○ = 31

○ − ○ x ○ ÷ ○ + ○ = 12

 답: 234쪽

194

초콜릿 공장의 지배인이 제조 공정의 오류를 발견했다. 각각 초콜릿 50개가 들어 있는 초콜릿 상자 18개를 한 세트로 포장하는데, 상자 18개 중 한 세트에 초콜릿 1개가 더 들어가는 오류였다. 상자 18개 중 오류가 난 한 상자를 손으로 구별하는 것은 불가능했기에 해결 방법을 찾는 사람에게 포상을 하겠다고 광고를 냈다. 저울을 이용해서 세 단계 만에 한 상자를 찾아낼 수 있을까?

답: 234쪽

195

아래 두 저울이 균형을 이루고 있다. 마지막 저울이 균형을 이루려면 삼각기둥 몇 개가 필요할까?

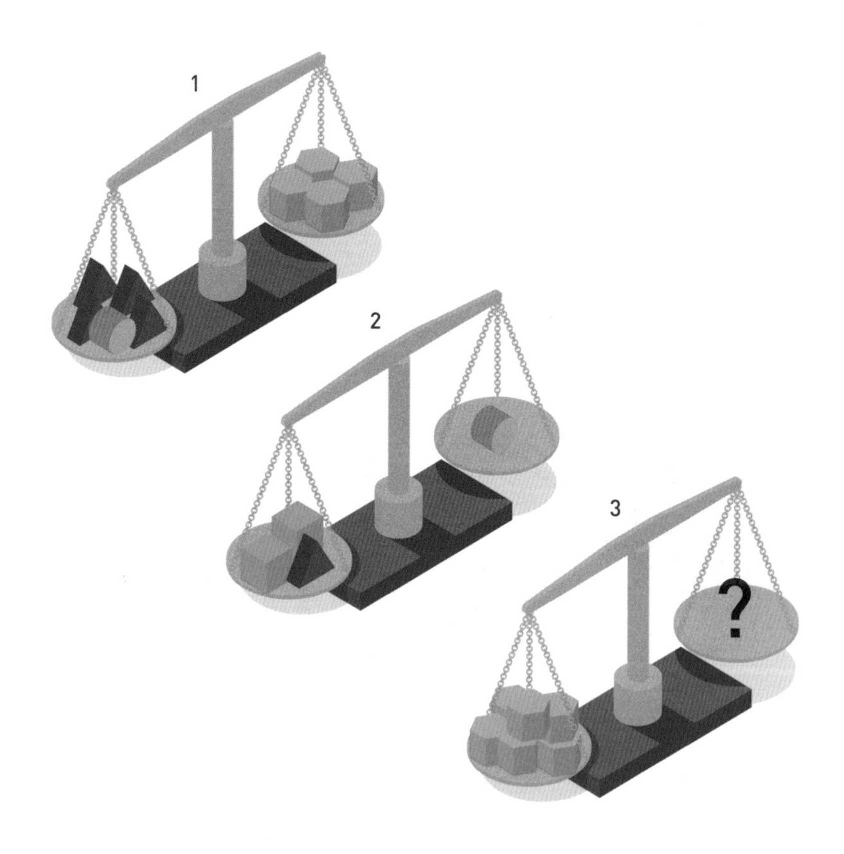

 답: 235쪽

196

아래 숫자는 윔블던 남자 챔피언의 이름을 뜻한다. 예를 들어 숫자 3은 D, E, F 중 알파벳 하나를 뜻한다. 숫자를 추리해 이름을 맞혀보자. 챔피언 일곱 명은 누구일까?

5539866439488

467264826476842

742427357254235

26373242774

642423578424

7282274

2784872743

197

아래 표에 숫자와 버튼이 있다. 오른쪽에 있는 초록색과 빨간색 버튼의 개수는 왼쪽 숫자가 정답 숫자 중 몇 개를 포함하고 있는지 나타낸다. 그 중 초록색 버튼의 개수는 정답 숫자 중 몇 개가 올바른 위치에 있는지 보여준다. 예를 들어 3825는 정답 숫자 두 개를 포함하고 있지만 그중 숫자 한 개만 올바른 위치에 있다는 뜻이다. 정답 숫자는 무엇일까?

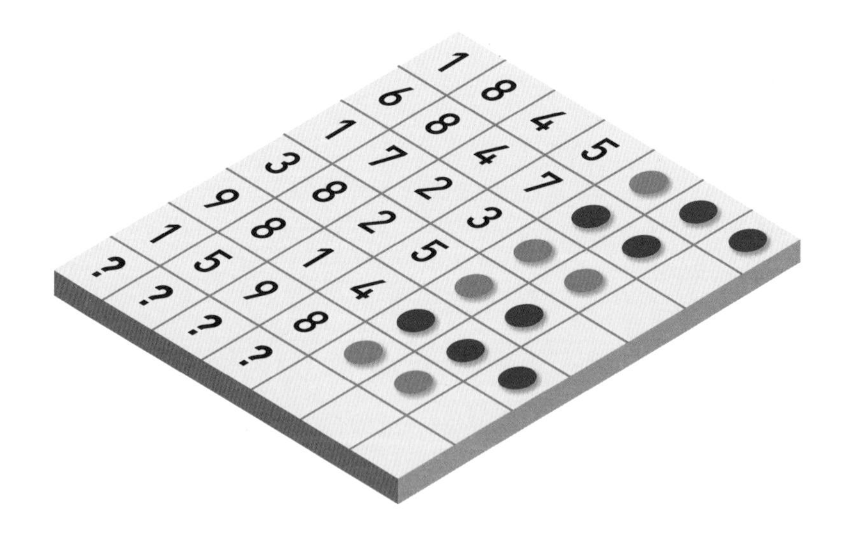

 답: 235쪽

198

아래는 가로세로 숫자퍼즐이다. 가로와 세로 열쇳말을 보고 빈칸을 채워 보자. 색칠한 칸의 값은 날짜(일, 월, 년)를 뜻하는데, 만화 영화에서 의미 있는 날이다. 색칠한 칸에 들어갈 숫자는 무엇일까?

1	2	■	3	■	4		5	■	6	7
8				■		■	9	10		
■		■	11	12		13				
14					■		■		■	
■		■	■	15	16		17		18	
19		20	21	■		■	22			
23				24		25	■	■		■
	■		■		■	26	27			
28	29		30		31			■		■
32				■		■	33			34
35		■	36			■		■	37	

가로

1. 〈가로 9〉의 4%
4. 〈가로 8〉의 4분의 1
6. 〈세로 31〉의 제곱근
8. 〈가로 9〉+〈세로 1〉
9. (〈가로 33〉의 앞 두 자릿수)×2×3×4×5
11. 단서 없음
14. 569×72
15. 645298+〈가로 23〉
19. 〈가로 8〉+〈세로 34〉에서 1 작은 수
22. 〈세로 27〉−〈가로 33〉−47
23. 50813×〈세로 17〉
26. 15109×(〈세로 5〉의 첫 번째 수)
28. 10342247×3
32. 〈세로 10〉의 20%
33. 246+397+486+〈세로 12〉
35. $3^2+4^2+5^2$
36. 151×4
37. 1369의 제곱근

세로

1. 〈세로 3〉의 앞 두 자릿수
2. 〈세로 18〉×(〈세로 25〉의 마지막 수)
3. 〈가로 1〉의 제곱
4. 〈세로 18〉의 짝수 자리에 있는 숫자를 나열한 수
5. 〈세로 12〉−〈세로 27〉의 앞 세 자릿수−〈가로 35〉
6. 앞으로 읽으나 뒤에서 읽으나 똑같은 수
7. 5613×〈세로 13〉
10. 〈세로 20〉×5−(23×85)
12. 로마자 DCCCLXXXIII
13. 〈가로 1〉의 150%
16. 〈세로 29〉를 재배열한 수
17. 〈세로 21〉−(〈세로 21〉을 재배열한 수)
18. 5876439−4253826
19. 1267×185
20. 101^2
21. 3×〈세로 34〉
24. 커지는 짝수 중 연속 수
25. 〈가로 4〉+〈세로 5〉
27. 〈가로 14〉의 8분의 1
29. 삼각형 내각의 합
30. 〈세로 6〉+1년의 계절 수
31. 〈세로 29〉+〈가로 36〉
34. 〈가로 37〉−(〈가로 35〉의 20%)

답: 235쪽

도형들의 관계를 파악해보자. 빈칸에 들어갈 도형은 보기 A~E 중 어떤 것일까?

와 DANUBE 의 관계는

비엔나

와 ________ 의 관계와 같다.

부다페스트

TIBER A

VLATAVA B

DANUBE C

RHINE D

AMSTEL E

답: 235쪽

200

아래 빈칸에 규칙에 맞게 색깔을 채워야 한다. 들어가야 할 색깔은 빨간색, 주황색, 노란색, 초록색, 파란색, 보라색, 분홍색, 갈색, 검은색 총 아홉 가지다. 색깔을 어떻게 채워야 할까?

– 노란색은 초록색 위에 있고, 초록색은 파란색과 분홍색의 왼쪽에 있다.

– 분홍색은 주황색 위에 있고, 주황색은 보라색의 오른쪽에 있다.

– 검은색은 파란색의 위에 있고, 빨간색의 왼쪽에 있다. 초록색은 갈색 위에 있다.

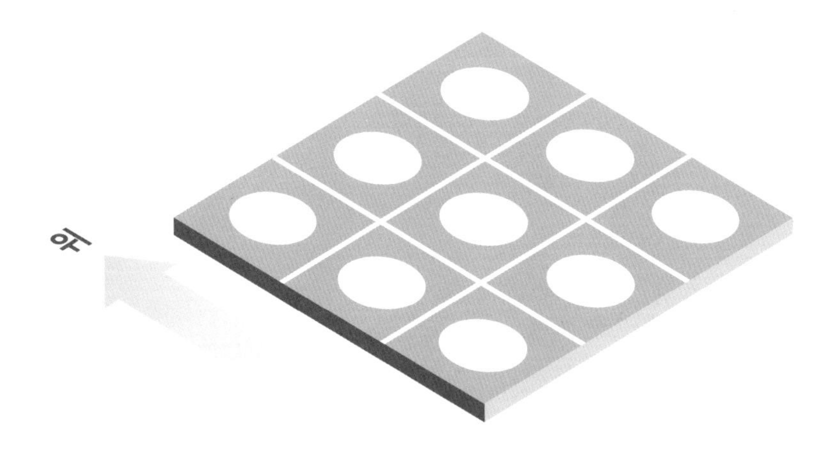

답: 235쪽

MENSA PUZZLE

멘사퍼즐 추론게임

해답

001

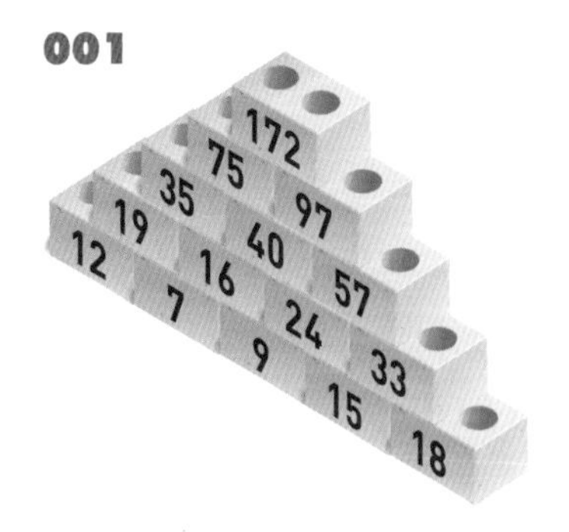

002 21

21 = 18 + 3

003

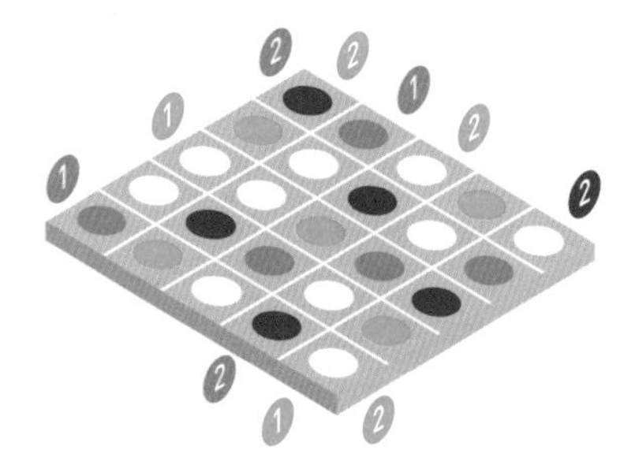

004 4821

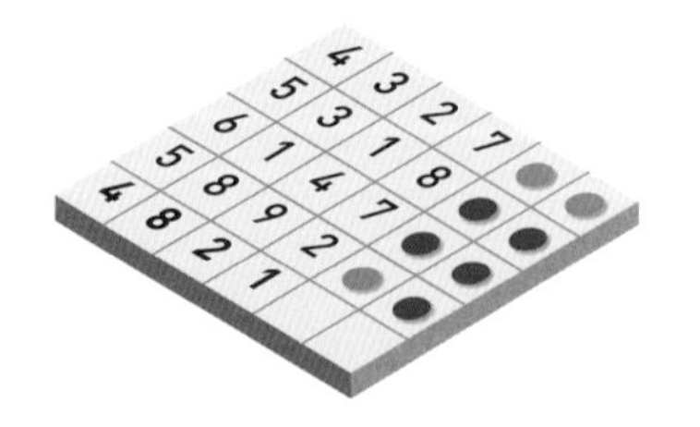

005 돌고래

코끼리는 초식동물이고 백상아리는 포유류가 아닌 어류이며 고릴라는 꼬리가 없다. 돌고래는 육식동물이며 꼬리가 달려 있고 새끼를 낳는 포유동물이므로 돌고래가 나머지 세 가지 동물과 연관되어 있다.

006

9	-	5	+	6	= 10
÷		÷		÷	
3	x	1	x	2	= 6
+		+		+	
8	-	4	x	7	= 28
= 11		= 9		= 10	

007 221

소수 2부터 연달아 나오는 숫자를 두 개씩 곱한 값을 나열했다.

008

3	6	5		6	4	3	4	4
4		4		9		1		7
3	4	9	7	2		1	2	3
	3		5			2		6
3	2	7	4		3	2	7	5
7		1			8		2	
1	9	4		6	9	4	5	8
6		9		8		9		2
5	3	2	8	5		5	6	7

009

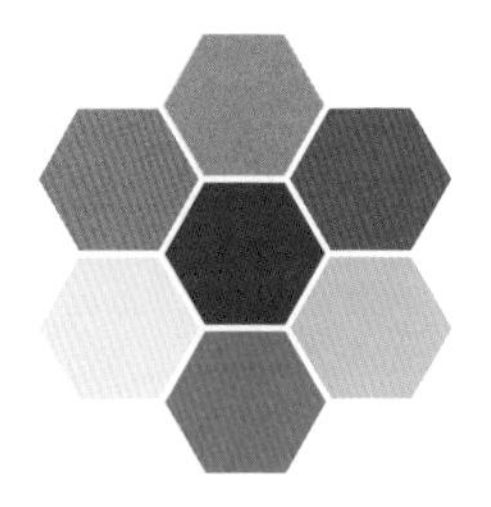

010 45

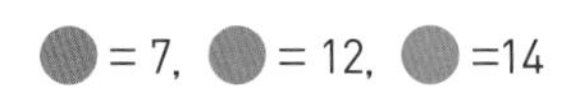

011 3개

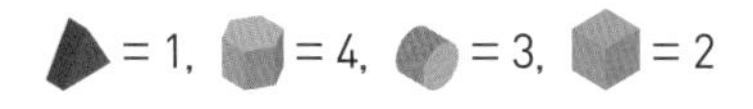

012

피키 기장, 21개월, 우라니아, 우주 산책

커크 사령관, 19개월, 셀레나, 필터 청소

스타 경사, 16개월, 비너스, 과학 실험

013

9÷3+12−5×6=60

12−6×3÷9+5=7

014 B

첫 번째 다각형의 변의 수에 2를 곱한 값이 다음에 나오는 도형의 변의 수다.

015 A

단계마다 시계 방향으로 90도 회전하며 노란색 줄이 추가된다. 노란색 줄은 두 번째 줄, 세 번째 줄, 네 번째 줄 순서로 한 줄씩 멀어지며 생긴다.

016 Adele(아델), Cher(셰어), Madonna(마돈나), Rihanna(리한나), Shakira(샤키라), Beyonce(비욘세)

017

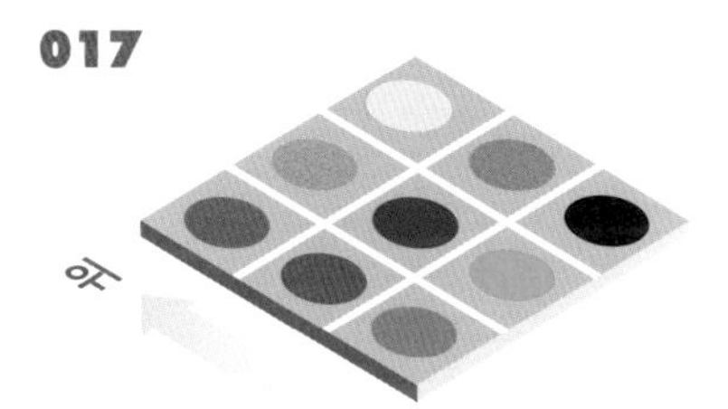

018 611907

1907년 1월 6일에 마리아 몬테소리가 '어린이의 집'(Casa dei Bambini)을 열었다.

3	2	5	3	8	1	
4	1		4		6	4
	6	1	1	9	0	7
1		6		4		6
3	9	1	1	5	8	
5	7		1		1	6
	7	1	6	5	3	9

019 44

(쥐며느리의 다리 개수×올림픽 깃발에 있는 링 개수)−(산소의 원자 번호+정규 골프 코스의 홀 수)

=(14×5)−(8+18)=44

020 세 번, 4월 15일

3×5×7=105. 세 자매는 일 년에 세 번 같이 방문한다.

021

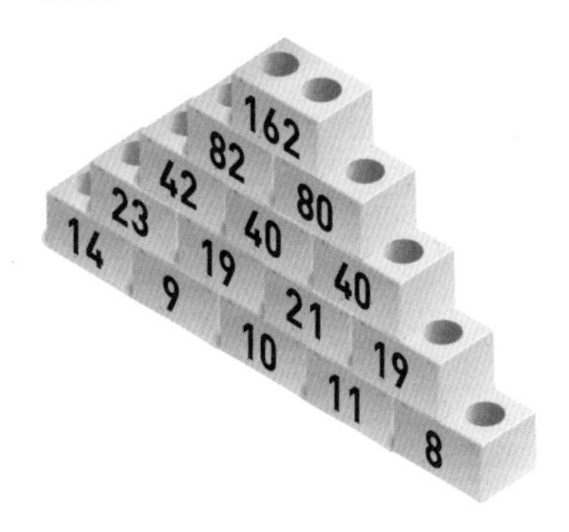

022 28

28=12+16

023

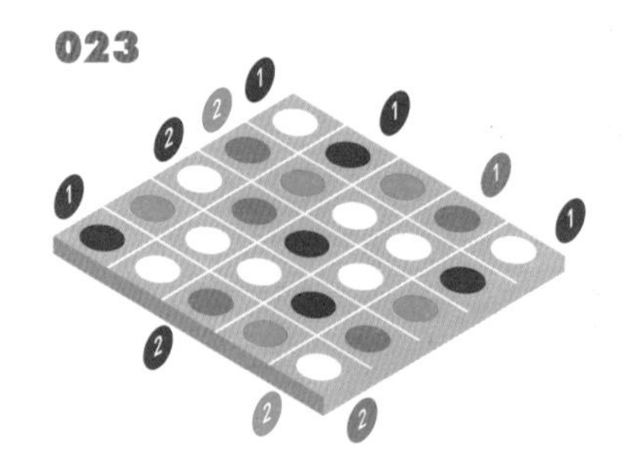

024 100

(30분은 1800초÷"A cat has nine lives." 고양이의 목숨은 9개)−(표준 피아노의 건반 수+EU 깃발의 별 개수)

=(1800÷9)−(88+12)=100

025 더블린

도쿄는 유럽에 있지 않고 파리는 해안에 있지 않으며 베니스는 수도가 아니다. 더블린은 유럽에 있으며 해안에 있고 수도이므로 더블린이 나머지 세 가지 도시와 연관되어 있다.

026

3	+	5	−	1	= 7
x		x		x	
9	+	8	+	6	= 23
−		÷		+	
7	−	4	x	2	= 6
= 20		= 10		= 8	

027 **945**

1부터 시작해 앞 수식의 값에 홀수를 순서대로 곱한 값을 나열했다.

1×1=1, 1×3=3, 3×5=15, 15×7=105, 105×9=945

028

1	7	3	9		3	8	2	4
9		1		6		4		9
4	5	4		2	8	6	7	2
6		8		4				9
	5	2	3	7	8	2	9	
3				8		8		4
6	1	4	8	3		6	3	6
3		3				8		5
6	8	2	6		1	8	4	5

029

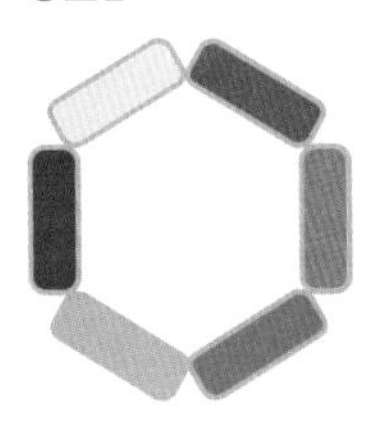

030 **47**

= 8, = 12, = 15

031 **D**

단계마다 점은 두 개씩 증가하고, 각 그림은 한쪽 대각선을 기준으로 대칭이다.

032 **55÷5+55=66**

033

18−11×6+12÷9=6

18÷6×12−9+11=38

034

아드다야, 피라미드, 호루스 신, 8년

부네브, 요새, 아문 신, 4년

데디, 사원, 이시스 신, 6년

035 **12개**

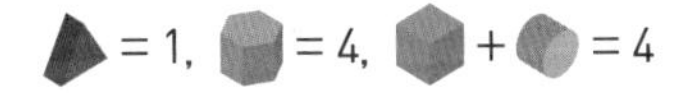

036 **Monza(몬자), Monte Carlo(몬테 카를로), Austin(오스틴), Hockenheim(호켄하임), Nurburgring(뉘르부르크링), Suzuka(스즈카)**

037 **5124**

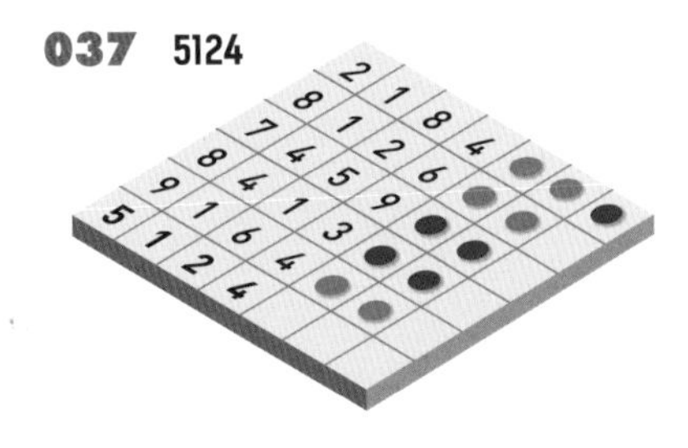

038 2821935

1935년 2월 28일에 월리스 캐러더스가 나일론을 발명했다.

9	1		6	5	4		1	3
6	3	4		4		2	9	6
	2	4		9	2	8	5	
2		9	1	0		2	7	3
1	3	6	2		3	1	3	6
3	4	3		8	1	9		1
	5	1	2	9		3	9	
3	6	0		5		5	5	8
5	7		1	2	3		1	9

039 E

첫 번째 그림 속 다각형들의 변의 수 총합에 2를 곱한 값이 다음에 나오는 그림 속 다각형들의 변의 수 총합이다. 색깔은 무시한다.

040

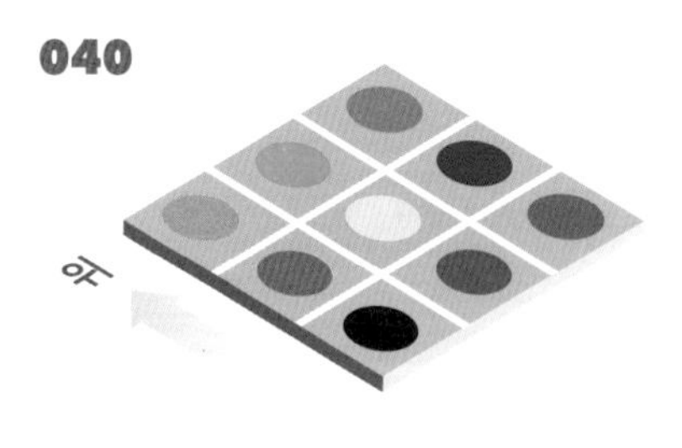

041

042 26

26=17+9

043

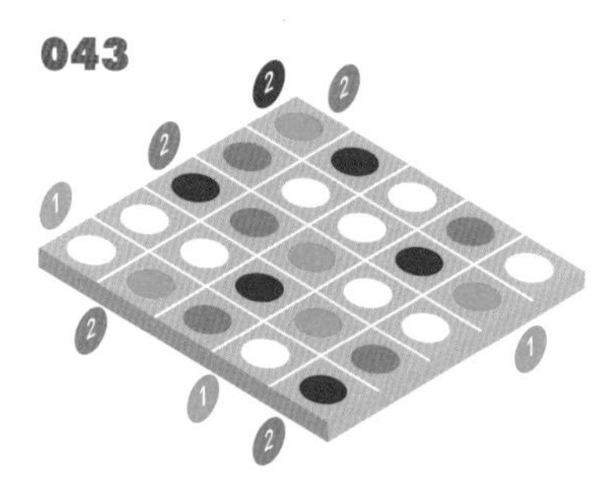

044 13명

먼저 태어난 센추리아 인과 다음에 태어난 센추리아 인의 생일이 같지 않을 확률은 99%고, 세 번째 태어난 센추리아 인이 먼저 태어난 두 명 중 하나와 생일이 같지 않을 확률은 98%이므로, 세 명의 센추리아 인이 생일을 공유하지 않을 확률은 0.99×0.98이다. 값이

0.5에 가까워지려면 0.98×0.97×0.96 순으로 계속 곱하면 0.88까지 곱해야 49%로 떨어진다. 따라서 13명을 낳아야 한다.

045 바이올린

플루트는 현악기가 아니고 기타는 오케스트라 악기가 아니며 첼로는 고음역대 악기가 아니라 중저음역대 악기다. 바이올린은 음역대 조절이 가능하고 오케스트라 악기이며 현악기이므로 바이올린이 나머지 세 악기와 연관되어 있다.

046

1	x	8	x	4	=32
+		÷		+	
9	–	2	+	7	=14
÷		x		–	
5	x	6	÷	3	=10
=2		=24		=8	

047

	4	7	2	3		4	5	2	3	4
4		9		7	5	1		9		9
5	3	8	7	0		9	0	2	3	4
2				4		7		8		
6	5	2	3	3	7		6	4	2	7
8		9		4		7		6		7
6	7	5	3		3	5	0	3	8	6
		6		6		0				4
1	5	4	7	1		4	5	2	3	1
0		8		2	9	1		1		7
5	7	3	4	0		4	7	5	7	

048 8

363부터 다음에 나오는 숫자를 뺀 값을 순서대로 나열했다.

049

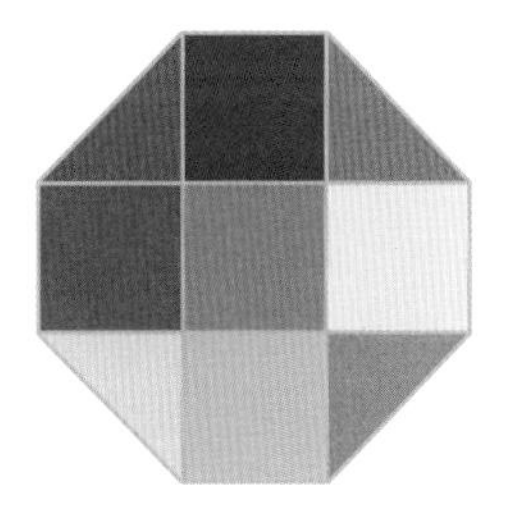

050 30

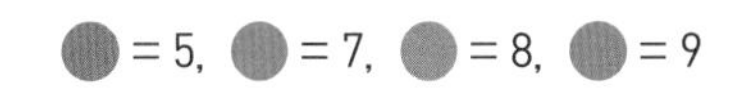

051 2개

052

야스민, 45년, 텍사스, 휴대용 시계

예후디, 40년, 알프스산맥, 회중시계

유리, 33년, 로마, 손목시계

053

28−7÷3×6+4=46

6÷3+28−7×4=92

054 A

파란색 도형은 시계 반대 방향으로 45도, 보라색 도형은 90도, 주황색 도형은 180도로 회전한다.

055 A

원색인 빨간색, 노란색, 파란색은 두 칸씩 바깥쪽으로 이동하고, 주황색과 초록색은 단계마다 서로 위치를 바꾼다. 점의 개수는 소수의 순서대로 3, 5, 7, 11로 증가한다.

056 Trump(트럼프), Obama(오바마), Reagan(레이건), Carter(카터), Hoover(후버), Coolidge(쿨리지)

057

058 1061895

1895년 6월 10일에 뤼미에르 형제의 첫 코미디 영화인 스프링클러 스크링클드 'The Sprinkler Sprinkled'가 초연되었다.

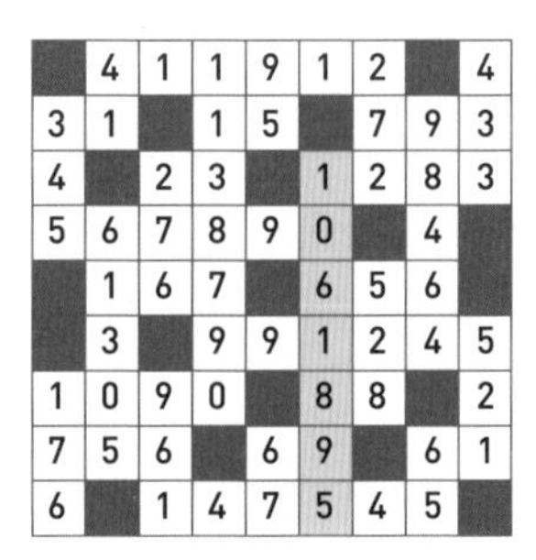

	4	1	1	9	1	2		4
3	1		1	5		7	9	3
4		2	3		1	2	8	3
5	6	7	8	9	0		4	
	1	6	7		6	5	6	
	3		9	9	1	2	4	5
1	0	9	0		8	8		2
7	5	6		6	9		6	1
6		1	4	7	5	4	5	

059 111

(100 이하의 가장 큰 소수−주사위 2개에 있는 점들)+(무지개의 색깔 수×태양계의 행성 수)

=(97−42)+(7×8)=111

060 6184

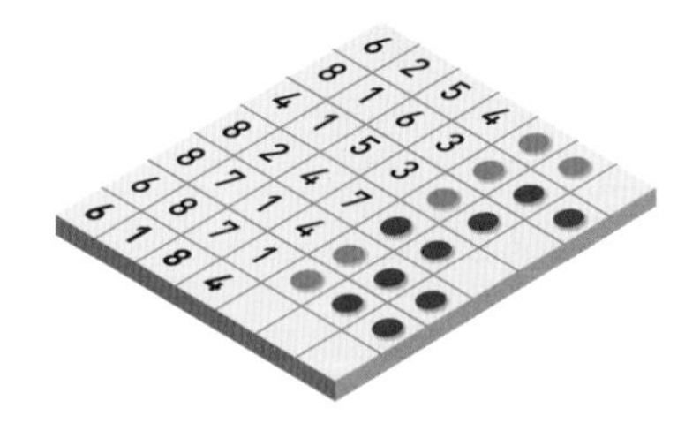

061

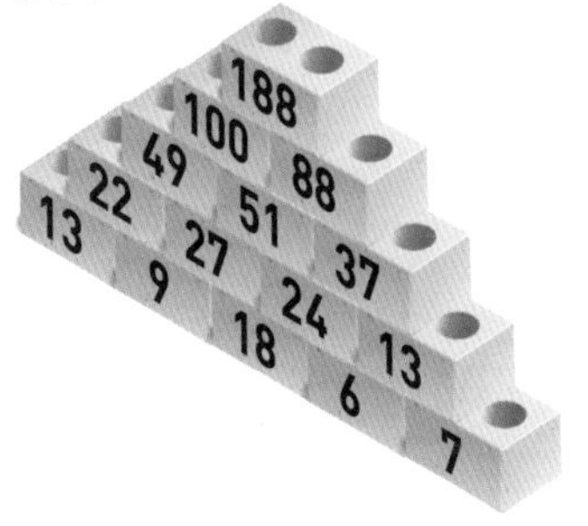

062 18

18 = 4 + 14

063 8569

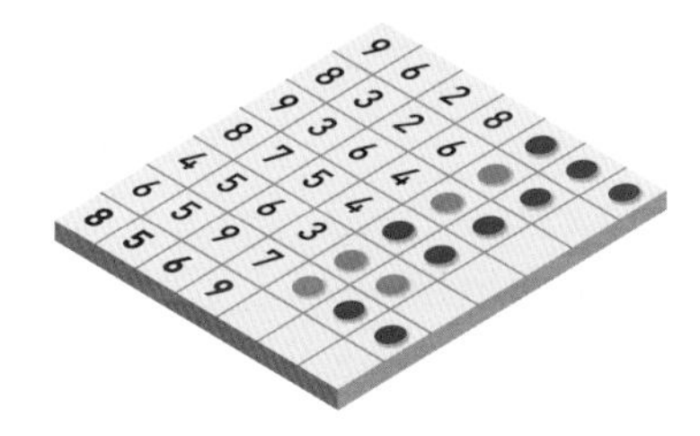

064 13

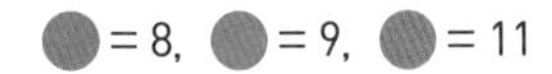

● = 8, ● = 9, ● = 11

065 주피터

비너스는 남신이 아니라 여신이고, 큐피드는 행성이 아니며 우라노스는 라틴어가 아닌 그리스어다. 주피터는 로마의 남신인 제우스의 이름을 딴 행성이다.

066

3	x	9	−	7	=20
x		+		x	
4	x	6	÷	8	=3
x		−		−	
2	x	1	x	5	=10
=24		=14		=51	

067 5

10부터 소수 2, 3, 5, 7, 11, 13을 번갈아 더하고 뺀다.

068

1	5	5		1	2	3	7	9	4	
2		7		4		9		2		2
3	6	5	7	5		6	3	0	4	2
4		1		8		6				3
9	6	2	8		3	2	1	5	8	4
8		3		2		0		7		0
7	0	6	8	9	4		3	4	5	8
6				6		1		3		7
9	4	1	7	5		6	3	2	5	6
0		2		8		5		1		9
	6	0	3	7	8	4		5	9	9

069

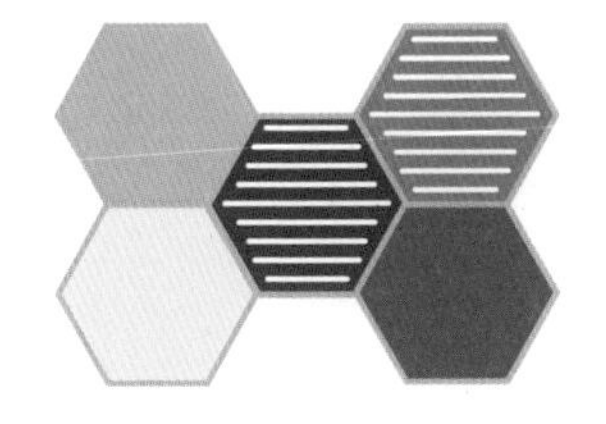

070 48

로마 숫자 표기법에 따른 숫자다. $D=500$, $(C+X+X+5)=125$

$(500\div125)\times$(농구팀 선수 수+중앙아메리카의 국가 수)

$=(500\div125)\times(5+7)=48$

071 B

빨간색과 파란색은 시계 방향으로 한 번, 노란색과 초록색은 시계 반대 방향으로 한 번씩 움직인다. 색깔이 만나는 경우 색깔을 섞었을 때 나오는 색깔로 바뀐다.

072 2631923

1923년 3월 26일에 영화배우 사라 베르나르가 사망했다.

5	2		4	5	7		1	6
6	2	5	8		2	2	9	7
	2	6	3	1	9	2	3	
1	5	9		8		7	6	6
1		1	4	2	4	1		3
3	1	8		8		5	4	0
	3	4	2	0	3	2	1	
2	2	7	7		5	6	1	7
3	8		9	8	7		3	2

073

베로니카, 노트북, 299파운드, 허버트 월슨 가게

모리스, 카메라, 199파운드, 페이버리츠 가게

루신다, 드레스, 129파운드, 루이스 존 가게

074

075 8개, 1개

076

$15-7\times4+8\div5=8$

$8\div4\times15+5-7=28$

077 D

첫 번째 숫자는 이진수, 두 번째 숫자는 십진수다. 따라서 이진수 1111에 해당하는 15가 들어간다.

078 **정육면체 1개**

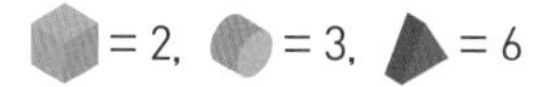

079 **Benicio Del Toro(베니시오 델 토로), Roberto Benigni(로베르토 베니니), Jean DuJardin(장 뒤자딘), Christoph Waltz(크리스토프 월츠), Javier Bardem(하비에르 바르뎀)**

080

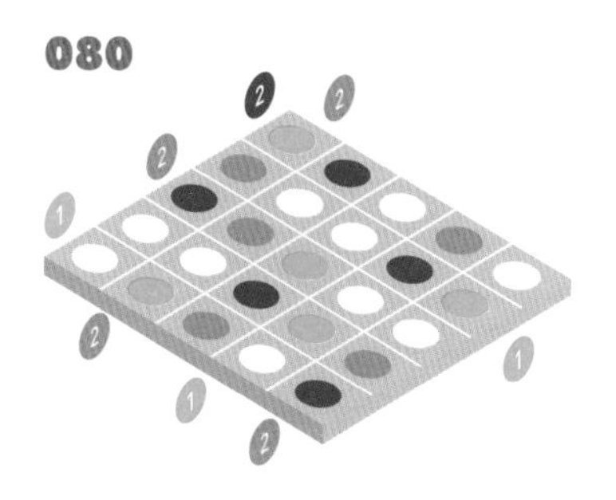

081

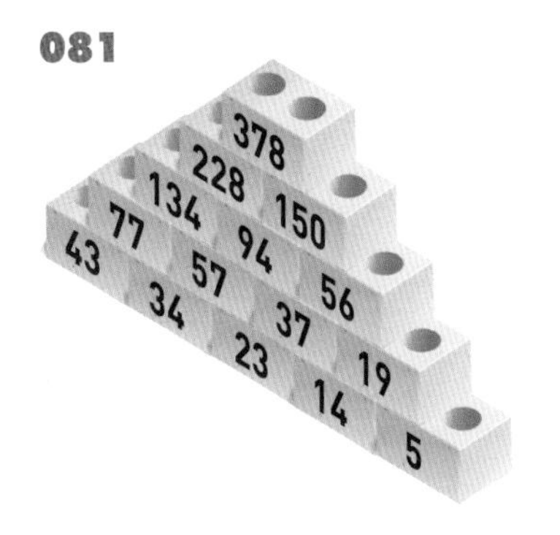

082 **27**

27=18+9

083

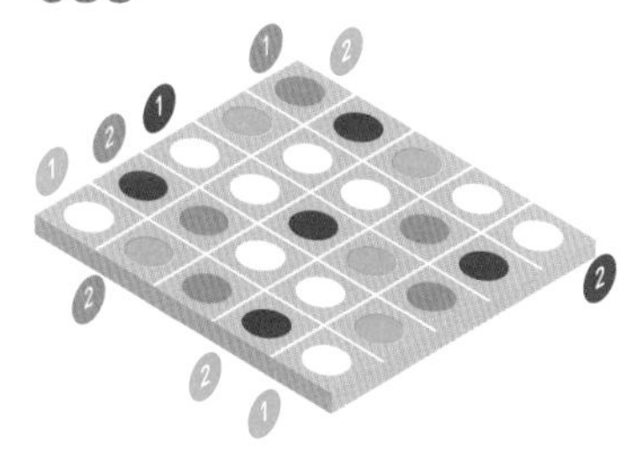

084 **10**

(12각형의 변의 개수+바이올린의 현의 개수)-(축구 경기 시간을 분으로 환산한 값÷테니스 경기에서 1포인트 득점)=(12+4)-(90÷15)=10

085 **로미오**

오스카는 셰익스피어 작품 속 등장인물이 아니고 올리버는 NATO(나토) 음성 문자에 등장하지 않으며 줄리엣은 남자 이름이 아니다. 로미오는 셰익스피어 작품 속 남자 주인공의 이름이며 NATO 음성 문자에 등장하므로 로미오가 나머지 세 인물과 연관되어 있다.

086

8	x	4	÷	2	=16
+		+		x	
9	x	7	÷	3	=21
−		−		x	
5	+	1	÷	6	=1
=12		=10		=36	

087 129

9부터 숫자는 12, 18, 24, 30 순서로 커진다. 즉 더하는 값에 6씩 더하는 규칙이다. 따라서 30+6=36을 더할 차례다.

96+36=129

088

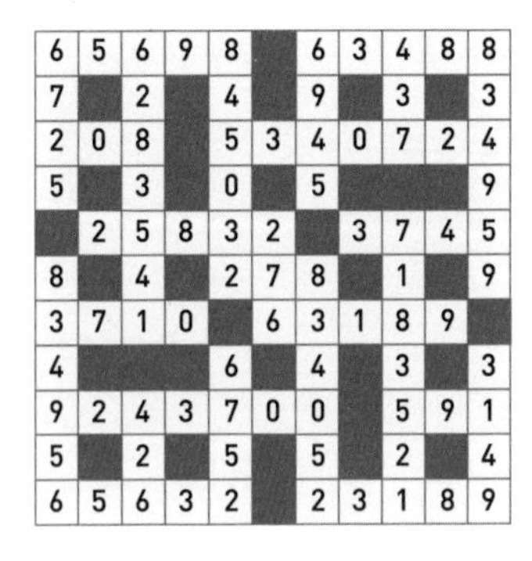

6	5	6	9	8		6	3	4	8	8
7		2		4		9		3		3
2	0	8		5	3	4	0	7	2	4
5		3		0		5				9
	2	5	8	3	2		3	7	4	5
8		4		2	7	8		1		9
3	7	1	0		6	3	1	8	9	
4				6		4		3		3
9	2	4	3	7	0	0		5	9	1
5		2		5		5		2		4
6	5	6	3	2		2	3	1	8	9

089

090 3

091 A

단계마다 새로운 그림이 추가된다. 색깔도 하나씩 추가되며 새로 생긴 그림 쪽으로 움직인다.

092 12개

동물의 다리당 선물을 3개씩 주는 규칙이었다.

093

12÷3+24−4×2=48

24÷4+12×2−3=33

094

코라, 퍼플 팀, 단발머리, 15문항, 1만 파운드

도라, 그린 팀, 크롭 컷, 12문항, 5천 파

운드

노라, 옐로 팀, 포니테일, 7문항, 8,000 파운드

095 **2개**

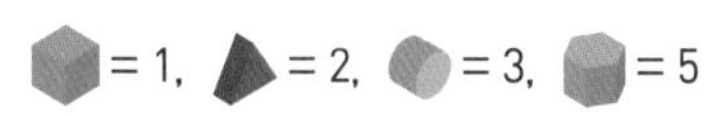

096 **Margaret Court(마거릿 코트), Virginia Wade(버지니아 웨이드), Conchita Martinez(콘치타 마르티네즈), Martina Hingis(마르티나 힝기스), Jana Novotna(야나 노보트나), Maria Sharapova(마리아 샤라포바), Amelie Mauresmo(아멜리 모레스모), Marion Bartoli(마리온 바르톨리)**

097 **5194**

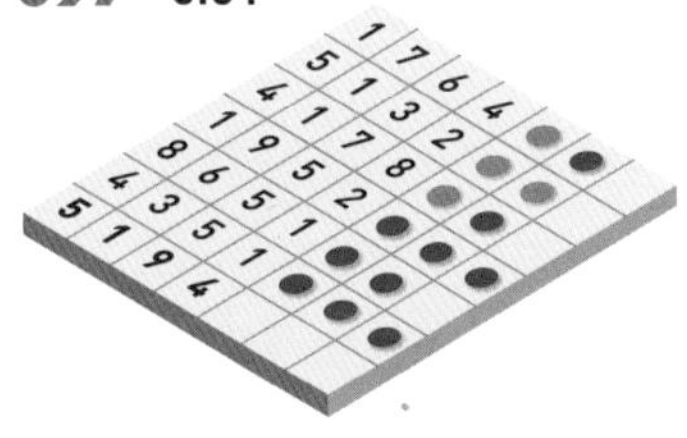

098 **181834**

1834년 8월 1일 대영제국에서 노예제도가 폐지되었다.

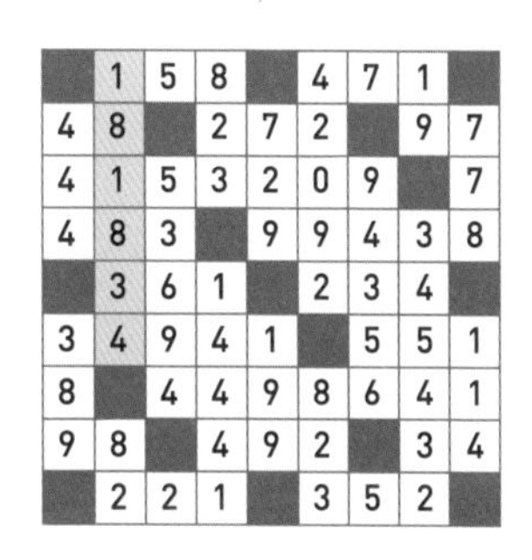

	1	5	8		4	7	1	
4	8		2	7	2		9	7
4	1	5	3	2	0	9		7
4	8	3		9	9	4	3	8
	3	6	1		2	3	4	
3	4	9	4	1		5	5	1
8		4	4	9	8	6	4	1
9	8		4	9	2		3	4
	2	2	1		3	5	2	

099 **B**

100

101

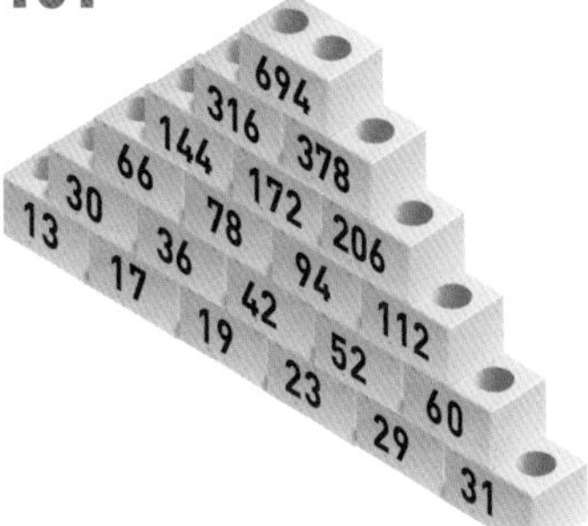

102 **23**

23=9+14

103 4612

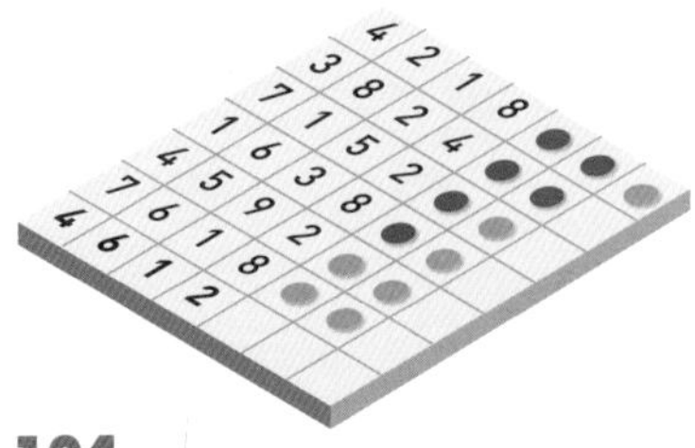

104

105 9개

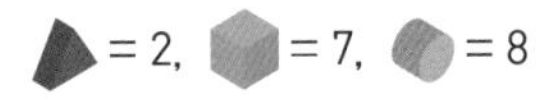

106 Sting(스팅), Prince(프린스), Bono(보노), Eminem(에미넴), Drake(드레이크), Seal(씰), Meat Loaf(미트 로프)

107

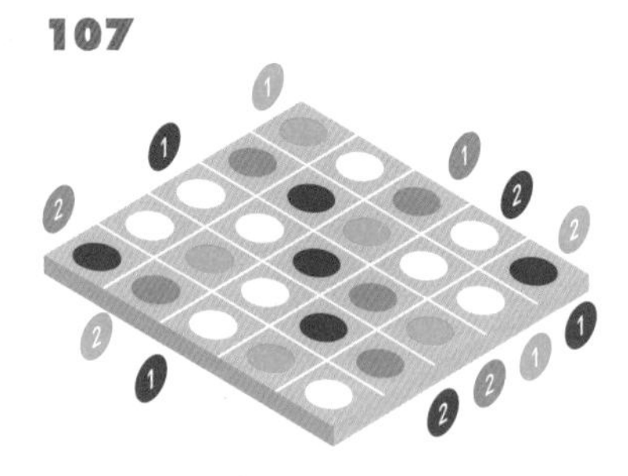

108 테니스

스쿼시는 올림픽 종목이 아니고 핸드볼은 단체 스포츠이며 라켓이나 방망이 또는 클럽을 사용하지 않는다. 골프는 야외 스포츠다. 테니스는 올림픽 종목이며 라켓을 사용하는 실내 스포츠이므로 테니스가 나머지 스포츠와 연관되어 있다.

109

6	x	5	÷	2	=15
÷		+		x	
3	+	9	+	4	=16
x		−		x	
8	+	7	−	1	=14
=16		=7		=8	

110 1113122113

앞 숫자를 풀어 쓰는 규칙이다. 13은 앞 숫자 3이 한 개 있다는 뜻이다. 즉 한 개를 나타내는 1과 숫자 3을 나열해 13으로 쓴 것이다. 1113을 살펴보면 앞 숫자 13에서 1이 한 개, 3이 한 개를 1(한 개), 1, 1(한 개), 3인 것이다. 3113을 살펴보면 3이 두 개 나오지만 떨어져 있으므로 따로 친다. 3이 한 개, 1이 두 개, 3이 한 개다. 즉 132113이 되는 규칙이다. 따라서 답은 132113을 풀이한 것으로 1이 한 개, 3이 한 개, 2가 한 개, 1이 두 개, 3이 한 개이므로 11131221130이 된다.

111

2	8	5		9	2	6	4	8	1	4
0		7	3	1		2		3		2
3	9	0		5	1	0	9	4	8	3
6		2		4		3				6
	3	4	9	6	6	8		6	0	1
4		1			6			7		5
7	4	5		3	7	9	6	0	8	
3				1		1		4		2
6	7	8	9	0	4	5		2	8	0
2		2		3		2	9	1		3
5	0	1	2	8	3	4		3	4	5

112

113 68

(체스판 칸의 개수÷체스의 폰 개수)×(5행 희시의 행 수+헤라클레스의 노역 수)=(64÷16)×(5+12)=68

114 D

115 1991893

1893년 9월 19일에 뉴질랜드에서 세계 최초로 여성에게 투표권을 주었다.

7	6	5	4		1	9	9	1
8	4		1	7	6		2	3
1	6	6	8		4	7	7	9
9	7			7	5	6		7
	1	9	9	1	8	9	3	
4		4	6	8			2	9
1	9	5	8		2	8	1	3
6	6		3	0	0		5	2
4	2	1	0		2	6	9	2

116

애니, 해적, 치타, 3시간 55분

바켈, 테디베어, 팔콘, 3시간 30분

칼리, 은행 지점장, 재규어, 3시간 42분

댄, 요정, 애로우즈, 4시간 17분

117

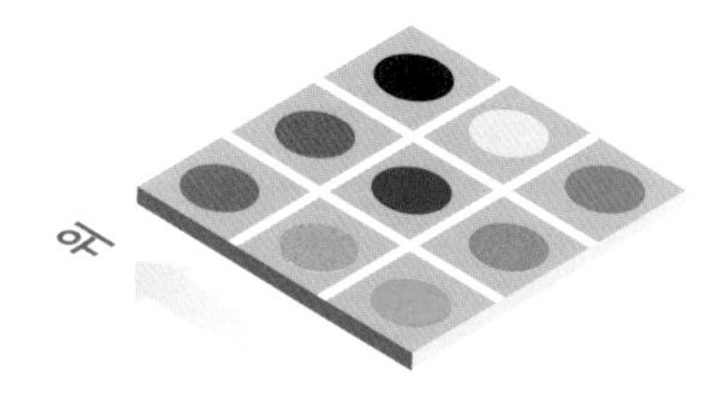

118 12살

119

9−4×8+36÷38=2

36÷4×8−38+9=43

120 D

첫 번째 그림 속 각 도형의 변의 수에 따라 두 번째 그림 속 도형의 개수가 결정된다.

121

122 37

37=14+23

123

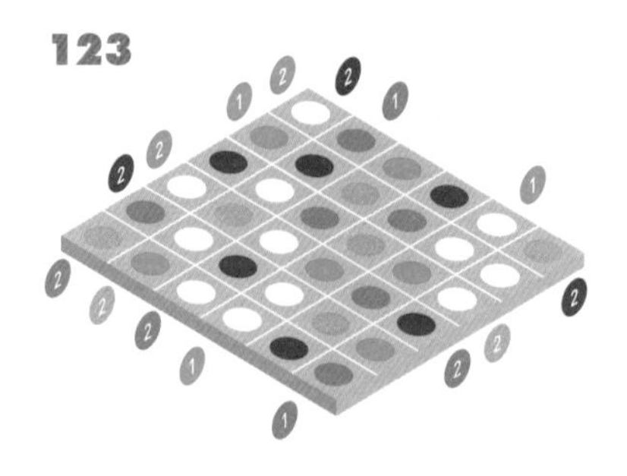

124 2

(일본 주도 개수×기본 미각의 개수)÷(비틀즈 멤버 수+바흐의 브란덴부르크 협주곡 수)=(4×5)÷(4+6)=2

125 자전거

차는 사람의 힘으로 운전하지 않고, 카누는 육지에 기반을 두지 않으며 유모차는 유모차를 탄 사람이 운전하지 않는다. 자전거는 사람이 운전하는 육지 기반 운송 수단이며 탄 사람이 운전하는 시스템이므로 자전거가 나머지 탈것과 연관되어 있다.

126

5	+	8	x	3	=39
+		+		x	
1	+	9	-	6	=4
+		x		-	
7	x	2	x	4	=56
=13		=34		=14	

127

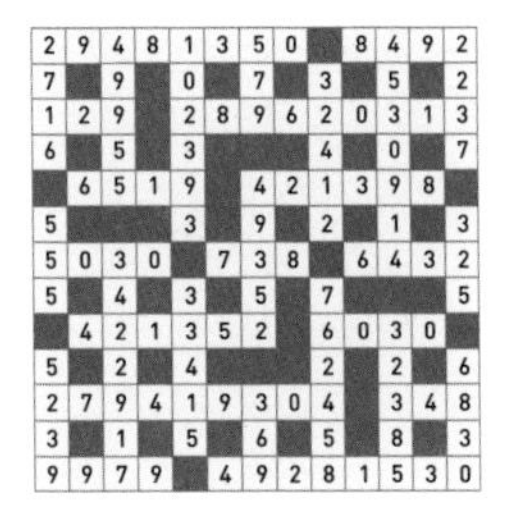

2	9	4	8	1	3	5	0		8	4	9	2
7		9		0		7		3		5		2
1	2	9		2	8	9	6	2	0	3	1	3
6		5		3				4		0		7
	6	5	1	9		4	2	1	3	9	8	
5				3		9		2		1		3
5	0	3	0		7	3	8		6	4	3	2
5		4		3		5		7				5
	4	2	1	3	5	2		6	0	3	0	
5		2		4				2		2		6
2	7	9	4	1	9	3	0	4		3	4	8
3		1		5		6		5		8		3
9	9	7	9		4	9	2	8	1	5	3	0

128

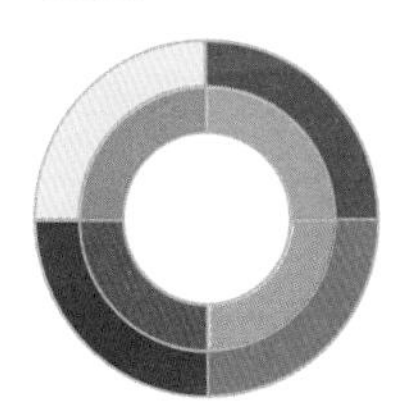

129

130 B

원색에 해당하는 빨간색, 파란색, 노란색은 시계 방향으로 60, 120, 180, 240도씩, 나머지 색깔은 시계 반대 방향으로 60, 120도씩 번갈아 회전한다.

131 1165

21부터 1, 2, 3, 4, 5, 6을 더하거나 곱한 값을 나열했다. 사칙연산의 순서는 더하기, 곱하기가 번갈아 반복된다. 따라서 1158 다음에 7을 더할 차례다.

132

애나 맥도날드, 태국 요리책, 노란색 표지
댄 슈미트, 이탈리아 요리책, 파란색 표지
프레드 루소, 채식 요리책, 검은색 표지
니타 파텔, 프랑스 요리책, 빨간색 표지

133

24－6÷3×12＋8＝80

12÷3×8＋24－6＝50

134 "나는 엘프리카로 유배될 것이다."

135 10개

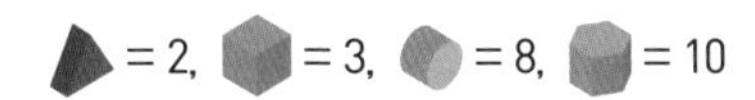

136 **Penelope Cruz(페넬로페 크루즈), Sophia Loren(소피아 로렌), Juliette Binoche(쥘리에트 비노슈), Ingrid Bergman(잉그리드 버그먼), Marion Cotillard(마리옹 코티야르)**

137 **2674**

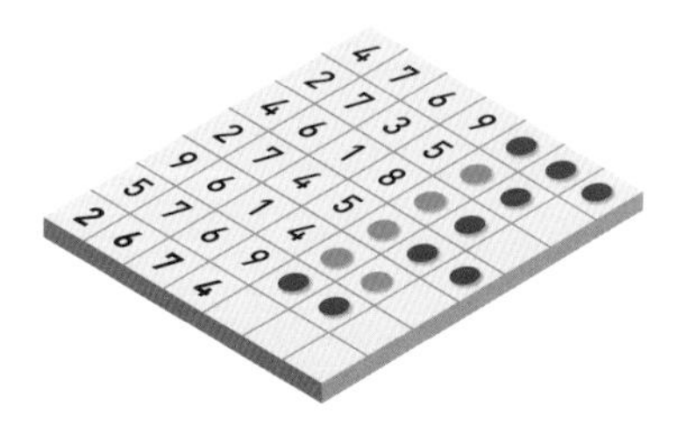

138 **641896**

1896년 4월 6일에 근대 올림픽이 개막했다.

8	3	3		1	2	7	7	
4	1	9	5	9		3	4	3
3		1	1	8	5	1		2
6	1		7	3	0	4	4	4
	2	3	4		5	8	5	
6	4	1	8	9	6		1	7
6		1	2	5	3	3		1
1	4	8		1	1	6	6	3
	9	9	7	7		6	0	7

139 **E**

별이 더 커지고 시계 반대 방향으로 90도 회전한다.

140

141

142 **32**

32=19+13

143

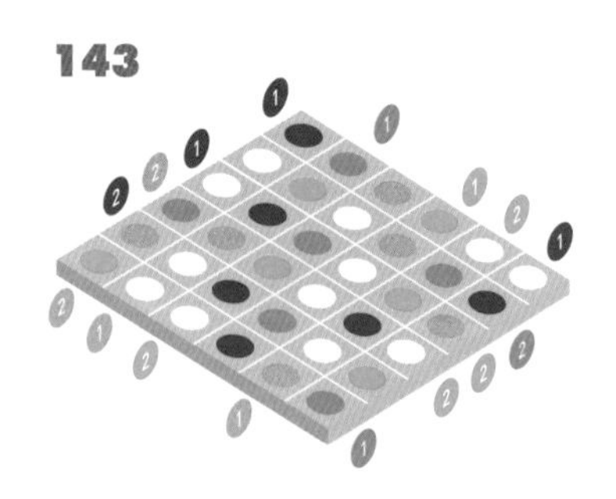

144 **48**

(문어의 심장 개수×거미의 눈 개수)+(소의 위장 개수+인간의 젖니 개수)=(3×8)+(4+20)=48

145 **8개**

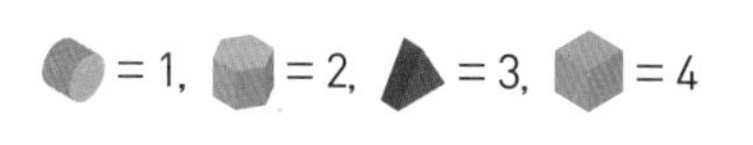

146 **Romeo(로미오), Hamlet(햄릿), Macbeth(맥베스), Orlando(올랜도), Falstaff(팔스타프), Orsino(오르시노), Malvolio(말볼리오)**

147 **7169**

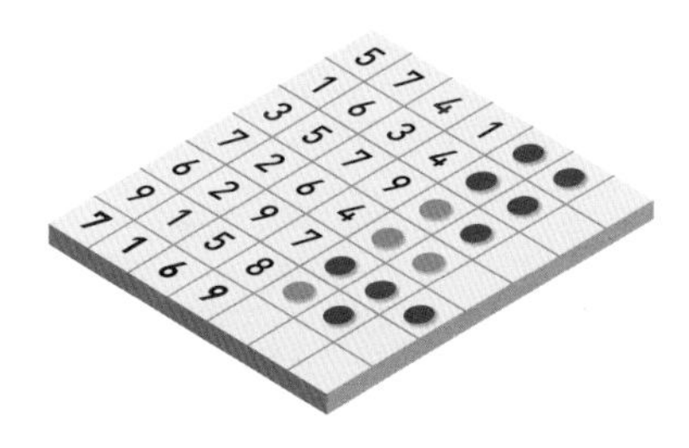

148 **나미비아**

캐나다는 북반구에 있고 모잠비크는 영어가 아닌 포르투갈어를 사용하며 뉴질랜드는 섬나라다. 나미비아는 영어를 사용하고 섬나라가 아닌 대륙에 위치하며 남반구 국가이므로 캐나다가 나머지 나라와 모두 연관되어 있다.

149

1	+	7	x	8	=64
x		x		x	
9	÷	3	x	6	=18
x		−		÷	
2	+	5	−	4	=3
=18		=16		=12	

150

1		9		2		9		5		8		8
3	2	8	4	3		3	5	4	8	3	8	3
7		2		9		5		1		6		6
5	1	8	8	6	4	7		3	1	4	1	5
4		6				3		8				0
6	1	8	3	9	8	4	4	7		5	0	9
		7		4				2		2		
5	0	8		1	7	8	3	9	8	4	4	2
2				2		3				8		3
7	2	8	0	3		1	0	2	7	6	9	5
5		3		7		5		3		5		6
2	5	4	9	8	2	3		7	5	7	2	3
6		6		9		4		9		8		0

151

152 5

● = 9, ● = 13, ● = 17, ● = 20

153 A

154 141

1부터 1의 제곱수, 2의 제곱수, 3의 제곱수를 순서로 더한다. 따라서 92에 7의 제곱수를 더할 차례다. 94+49=141

155 12마리

156

100－25÷5＋3×4＝72

5－3×100÷4＋25＝75

157

컵스 위드 댄스, 트위기 앨런, 스타 벨, 와이어 트워프

드라이 리버, 캐머런 제임스, 애니 오케이, 와일드 빌 히컵

포가튼, 마틴 스코어즈, 캘러머티 준, 빌리 고트

로 눈, 알프레드 히치노트, 와일드 로즈, 빅 브리치

158 681991

1991년 8월 6일에 첫 번째 웹사이트가 등장했다.

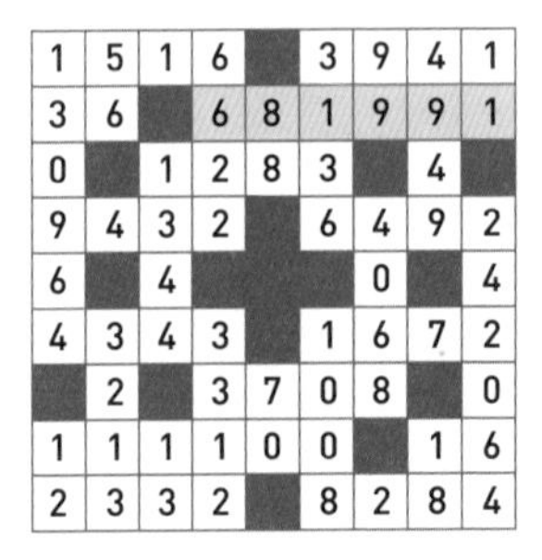

1	5	1	6		3	9	4	1
3	6		6	8	1	9	9	1
0		1	2	8	3		4	
9	4	3	2		6	4	9	2
6		4				0		4
4	3	4	3		1	6	7	2
	2		3	7	0	8		0
1	1	1	1	0	0		1	6
2	3	3	2		8	2	8	4

159 D

가운데 도형은 그대로 있고, 왼쪽과 오른쪽 도형은 좌우가 서로 바뀌며 가운데 도형을 기준으로 앞과 뒤도 바뀐다.

160

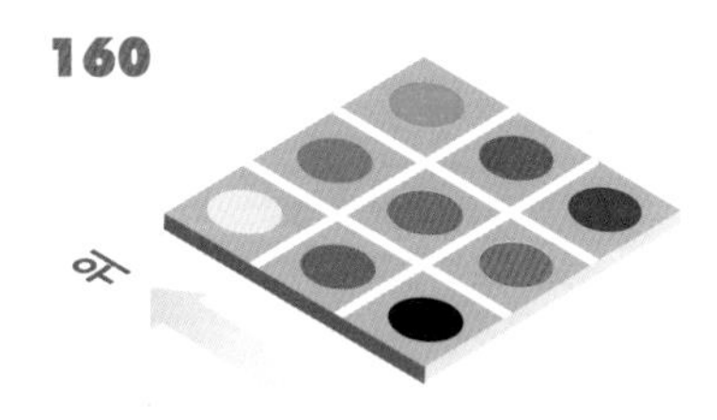

161

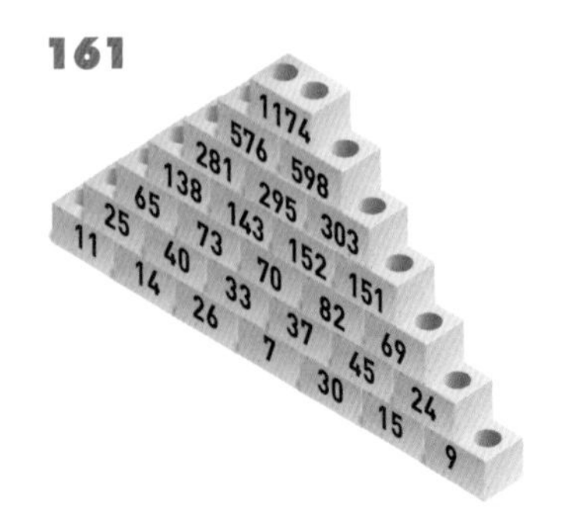

162 26

26=9+17

163 6735

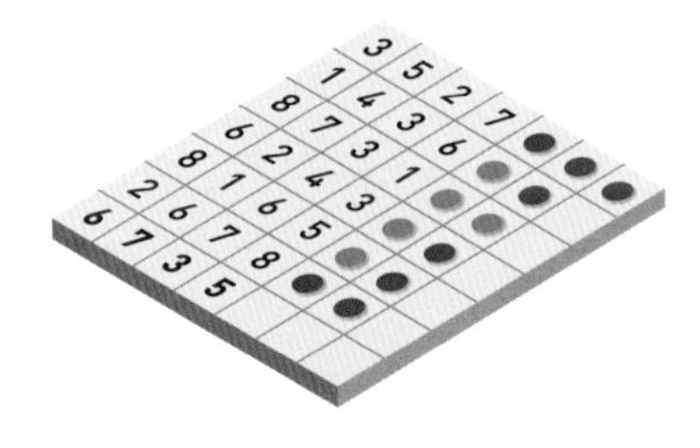

164 28세와 84세

165 말

원숭이는 농장에 사는 동물이 아니고 염소는 중국의 별자리에는 등장하지 않으며 수탉은 포유류가 아니다. 말은 농장에서 사는 포유류이며 중국 별자리에 존재하는 동물이므로 말이 나머지 세 동물과 연관되어 있다.

166

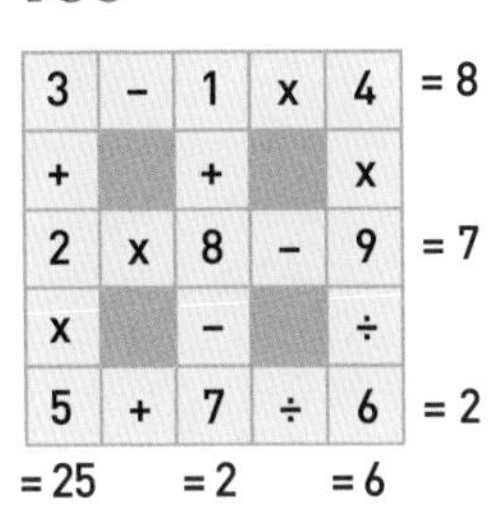

3	-	1	x	4	= 8
+		+		x	
2	x	8	-	9	= 7
x		-		÷	
5	+	7	÷	6	= 2
= 25		= 2		= 6	

167

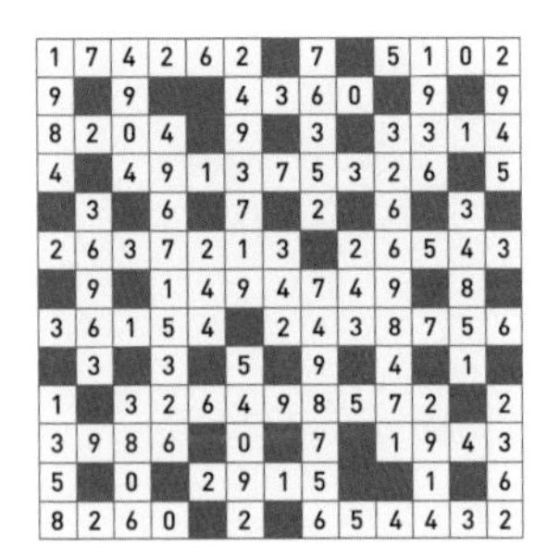

1	7	4	2	6	2		7		5	1	0	2
9		9			4	3	6	0		9		9
8	2	0	4		9		3		3	3	1	4
4		4	9	1	3	7	5	3	2	6		5
	3		6		7		2		6		3	
2	6	3	7	2	1	3		2	6	5	4	3
	9		1	4	9	4	7	4	9		8	
3	6	1	5	4		2	4	3	8	7	5	6
	3		3		5		9		4		1	
1		3	2	6	4	9	8	5	7	2		2
3	9	8	6		0		7		1	9	4	3
5		0		2	9	1	5			1		6
8	2	6	0		2		6	5	4	4	3	2

168 1471881

1881년 7월 14일에 보안관 팻 개럿이 살인을 저지르고 다니던 악명 높은 총잡이 빌리 더 키드를 죽인 날이다.

2	1	2	1		2	1	4	6
9		2	3	4	5	6		5
3	8	5		1		8	6	4
2	1		2	5	1	3	2	9
	1	4	7	1	8	8	1	
1	9	2	5	7	6		4	7
7	5	1		1		1	1	1
4		3	5	2	9	7		2
2	0	2	9		6	7	0	4

169

톰, 폴, 황금, 꽃다발, 호수, 텐트

딕, 파티마, 화이트골드, 초콜릿 상자, 산, 호스텔

해리, 마리아, 백금, 커피포트, 스노도니아, 오두막

170

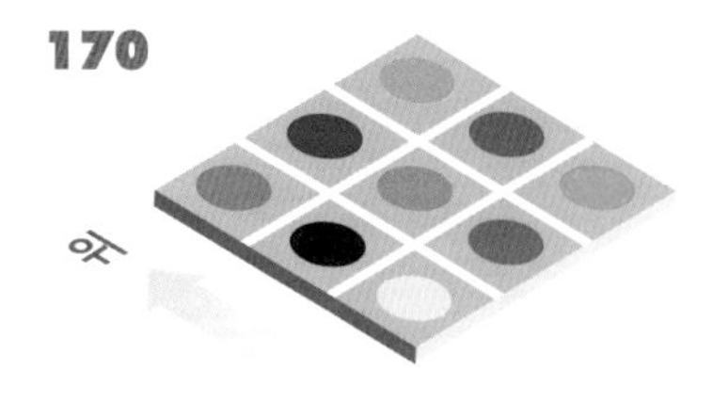

171

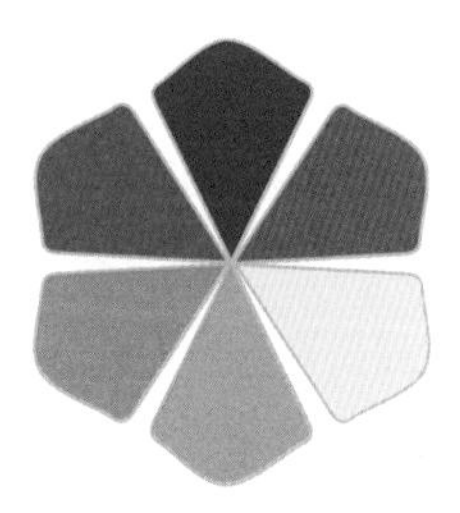

172 **60**

(필드하키 팀의 선수－화성의 위성 개수)＋(200 이상 가장 작은 소수－2부터 소수 11개의 합)＝(11－2)＋(211－160)＝60

173 **D**

그림 속 도형들의 변의 수 총합이 3개, 4개, 5개씩 늘어나고 있다. 따라서 23＋6＝29, 변이 총 29개 있는 그림이 와야 한다.

174 **520**

2는 1을 세제곱한 값에 1을 더한 값이고, 10은 2를 세제곱한 값에 2를 더한 값이다. 따라서 여덟 번째 자리에는 8을 세제곱한 값에 8을 더한 512＋8＝520이 들어가야 한다.

175

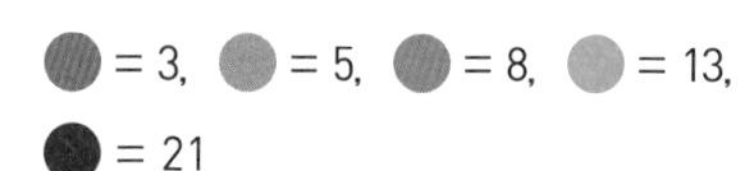

176

12－11＋9÷5×6＝12

11－5×6÷12＋9＝12

177 **A**

작은 도형들은 시계 반대 방향으로 도는데, 도형의 변의 수만큼 움직인다.

178 **10개**

179 **Bambi(밤비), Dumbo(덤보), Pinocchio(피노키오), Peter Pan(피터 팬), Pocahontas(포카혼타스), Mulan(뮬란)**

180

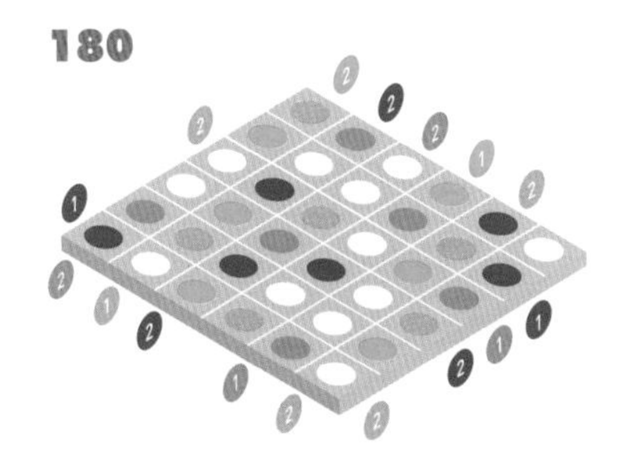

181

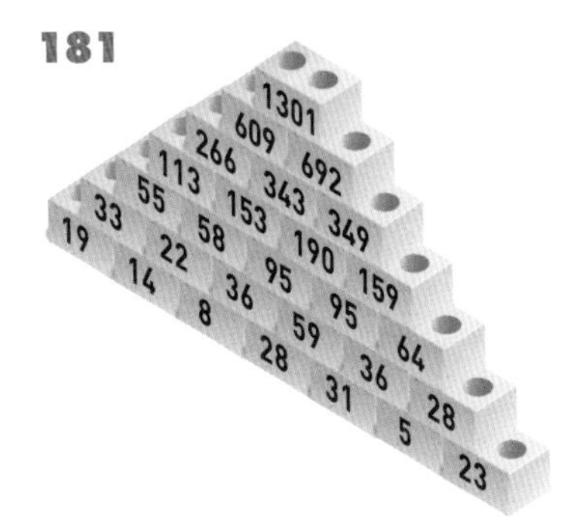

182 31

31=6+25

183

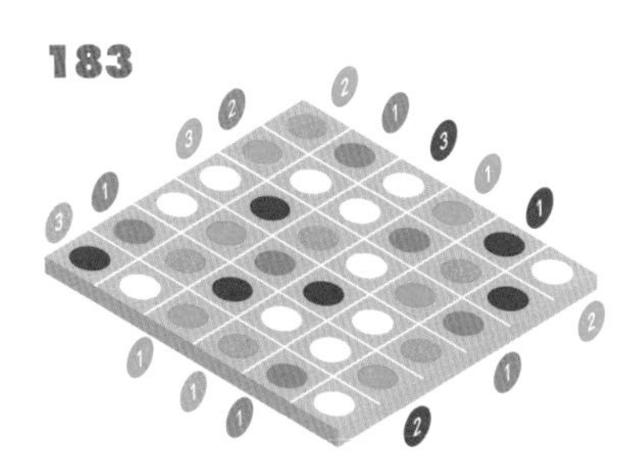

184 1524

(엠파이어 스테이트 빌딩의 층 수÷하이쿠(일본의 전통 단시)의 음절)×(명 왕조의 통치 햇수−황제 니콜라스 2세의 통치 햇수)

=(102÷17)×(276−22)=1524

185 펭귄

큰바다쇠오리는 멸종한 새고 타조는 육지 새며 백조는 날 수 있다. 펭귄은 현존하는 물새로 날 수 없으므로 펭귄이 나머지 새들과 연관되어 있다.

186

9	−	4	x	2	=10
x		+		+	
5	+	8	−	6	=7
÷		+		−	
3	x	7	−	1	=20
=15		=19		=7	

187

2	3	5	1	9	6	7	4	0		3		1
	7		4		2		3		4	3	8	4
3	5	5	6	4	9	0	8	2		2		3
	1		7		3		7		1	3	4	8
5		5			1	2	0	3		7		9
3	9	8	4	1		9		2	8	0	5	6
8		4		4	1	1	3	9		5		0
6	4	1	1	5		7		7	4	3	0	9
2		7		8	7	6	2			8		2
6	5	9	8		8		1		8		4	
0		3		2	3	1	9	8	5	0	5	3
4	2	7	4		1		6		9		0	
4		1		7	0	1	4	2	9	3	4	6

188

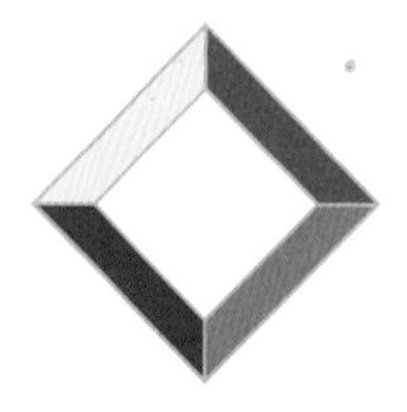

189 11

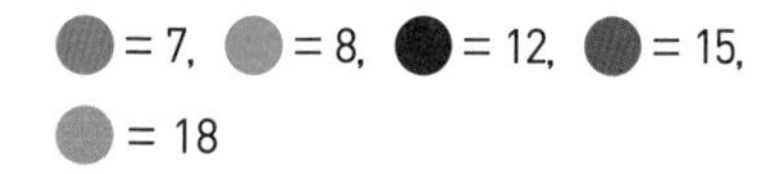

= 7, = 8, = 12, = 15,

= 18

190 C

격자는 시계 반대 방향으로 45도씩 회전하고, 회전할 때마다 노란색과 파란색 격자가 번갈아 위를 향한다.

191 5

1부터 1, 2, 3, 4, 5, 6을 더하거나 뺀 값을 나열했다. 사칙연산의 순서는 더하기, 빼기가 번갈아 반복된다. 따라서 −2 다음에 7을 더할 차례다.

192

제니 스노, 브로나, 9월, 월요일

마리아 프로스트, 데어드레이, 1월, 목요일

폴 레인보, 이몬, 3월, 금요일

토미 블리자드, 코너, 11월, 수요일

193

$20 \div 4 \times 7 - 14 + 10 = 31$

$14 - 4 \times 10 \div 20 + 7 = 12$

194

상자 18개를 6개씩 나눈 다음 저울 양쪽에 6개씩 올린다. 균형이 맞으면 올리지 않은 상자에 오류가 있는 것이고, 균형이 안 맞으면 안 맞는 쪽 상자에 오류가 있는 것이다. 그다음 상자를 3개씩 올려 오류가 있는 상자를 찾는다. 마지막으로 1개씩 올려 오류가 있는 상자를 찾으면 된다.

195 9개

196 Lleyton Hewitt(레이튼 휴이트), Goran Ivanisevic(고란 이바니세비치), Richard Krajicek(리카르트 크라이체크), Andre Agassi(앤드리 애거시), Michael Stich(미카엘 슈티히), Pat Cash(팻 캐시), Arthur Ashe(아서 애시)

197 1428

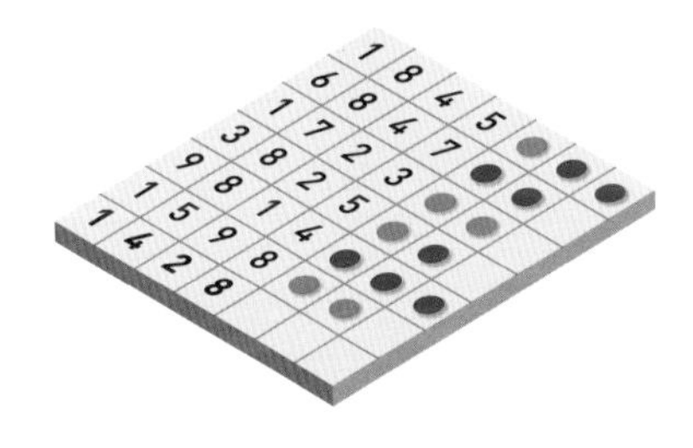

198 18111928

1928년 11월 18일에 '증기선 윌리'에 미키마우스가 처음으로 등장했다.

9	6		9		6	2	3		2	8
2	4	9	2		2		2	4	0	0
	9		1	8	1	1	1	9	2	8
4	0	9	6	8		4		0		2
	4			3	8	4	6	5	1	7
2	5	1	8		0		3	0	6	2
3	2	0	1	2	1	9			2	
4		2		4		4	5	3	2	7
3	1	0	2	6	7	4	1		6	
9	8	1	0		8		2	0	1	2
5	0		6	0	4		1		3	7

199 C

부다페스트에 다뉴브강이 흐른다.

200

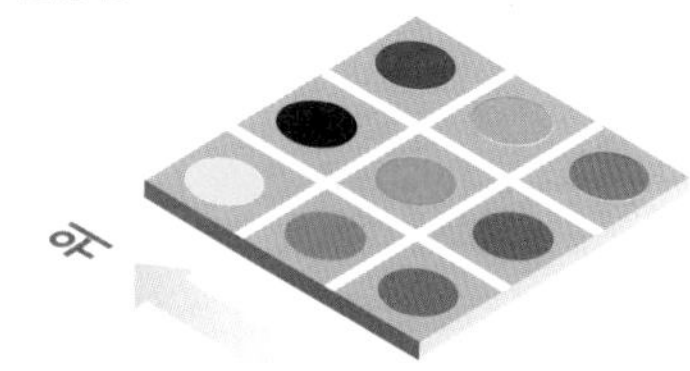

멘사코리아
주소: 서울시 서초구 언남9길 7-11, 5층
전화: 02-6341-3177
E-mail: admin@mensakorea.org

—

옮긴이 이은경

광운대학교 영문학과를 졸업하였으며, 저작권에이전시에서 에이전트로 근무하였다. 현재 번역에이전시 엔터스코리아에서 출판 기획 및 전문 번역가로 활동하고 있다. 옮긴 책으로는 《수학올림피아드의 천재들》《세상의 모든 사기꾼들 : 다른 사람을 속이며 살았던 이들의 파란만장한 이야기》《왜 이유 없이 계속 아플까 : 병원 가도 알 수 없는 만성통증의 원인》《마음을 흔드는 한 문장 : 2200개 이상의 광고 카피 분석》 등 다수가 있다.

멘사퍼즐 추론게임
IQ 148을 위한

1판 1쇄 펴낸 날 2020년 3월 5일
1판 2쇄 펴낸 날 2021년 12월 30일

지은이 | 그레이엄 존스
옮긴이 | 이은경

펴낸이 | 박윤태
펴낸곳 | 보누스
등　록 | 2001년 8월 17일 제313-2002-179호
주　소 | 서울시 마포구 동교로12안길 31 보누스 4층
전　화 | 02-333-3114
팩　스 | 02-3143-3254
이메일 | bonus@bonusbook.co.kr

ISBN 978-89-6494-428-8 04410

• 책값은 뒤표지에 있습니다.

★★★ 멘사코리아 감수

멘사 아이큐 테스트
해럴드 게일 외 지음 | 7,900원

멘사 아이큐 테스트 실전편
조세핀 풀턴 지음 | 8,900원

멘사 추리 퍼즐 1
데이브 채턴 외 지음 | 7,900원

멘사 추리 퍼즐 2
폴 슬론 외 지음 | 7,900원

멘사 추리 퍼즐 3
폴 슬론 외 지음 | 7,900원

멘사 추리 퍼즐 4
폴 슬론 외 지음 | 7,900원

멘사 탐구력 퍼즐
로버트 앨런 지음 | 7,900원